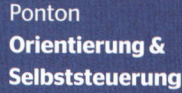

Ponton
**Orientierung &
Selbststeuerung**

Mensch, Unter-
nehmen, Wandel

Ponton
**Produkte &
Services**

Anpassung,
Methoden, Lösungen

Ponton
**Verantwortung
& Struktur**

Klimaneutral
Druckprodukt
ClimatePartner.com/12752-1803-1001

Zum Ausgleich für die entstandene CO_2-Emission bei der Produktion dieses
Buches unterstützen wir den Betrieb eines Wasserkraftwerks im Virunga-
Nationalpark im östlichen Kongo. Das Projekt trägt zum Klimaschutz bei,
indem auf die Abholzung des tropischen Bergregenwaldes zur Holzkohle-
gewinnung verzichtet wird und der Lebensraum der letzten Berggorillas in
freier Wildbahn erhalten bleibt. Der gewonnene Strom wird in das lokale
Stromnetz eingespeist und dient als Alternative zur Holzkohle.

Bibliografische Information der Deutschen Nationalbibliothek
Die Deutsche Nationalbibliothek verzeichnet diese Publikation in der
Deutschen Nationalbibliografie; detaillierte bibliografische Daten sind
im Internet über http://dnb.de abrufbar.

Copyright © 2022 Murmann Publishers GmbH, Hamburg
Editorial Design und Grafik: Christoph Schulz-Hamparian, Stuttgart
Druck und Bindung: Steinmeier GmbH & Co. KG, Deiningen
Printed in Germany

ISBN 978-3-86774-705-9

Besuchen Sie unseren Webshop: www.murmann-verlag.de
Ihre Meinung zu diesem Buch interessiert uns!
Zuschriften bitte an info@murmann-publishers.de
Den Newsletter des Murmann Verlages können Sie anfordern unter
newsletter@murmann-publishers.de

Christian Völkl
Matthias Meifert

HUMAN BUSINESS DESIGN

Das Ponton–Prinzip für
Unternehmen in dynamischer
Transformation

MURMANN

»Resonanz ist eine Beziehung zwischen
Subjekt und Welt, zwischen mir und einem
anderen Menschen oder einer anderen Entität –
das kann ein Musikstück sein oder auch ein Wald –,
die mir das Gefühl gibt, da antwortet mir etwas.

Resonanz bedeutet zum einen: Da affiziert oder
bewegt mich etwas. Und zum anderen:
Es geht nicht nur was rein, sondern auch was raus.

Ich habe das Gefühl, meinerseits etwas zu bewegen.
Es gibt also eine Selbstwirksamkeitserfahrung.
Und es gibt immer auch einen Moment der Transformation:
Wo wir in eine Resonanzbeziehung treten,
kommen wir anders raus, als wir reingegangen sind.

Ich würde sogar noch einen Schritt weitergehen
und sagen: Es ist gar nicht so, dass hier zuerst
das Subjekt ist und da die Welt,
und dann treten die irgendwie in Beziehung.

Vielmehr ist das, was Subjekt wird, was dann
irgendwann ›Ich‹ sagt, und das, was als Welt begegnen
kann, selbst schon Resultat von Resonanzprozessen.

Resonanz ist also nicht etwas, das noch hinzutritt
zu tausend anderen Dingen, sondern die Basis unseres
In-der-Welt-Seins.«

Hartmut Rosa, Soziologe

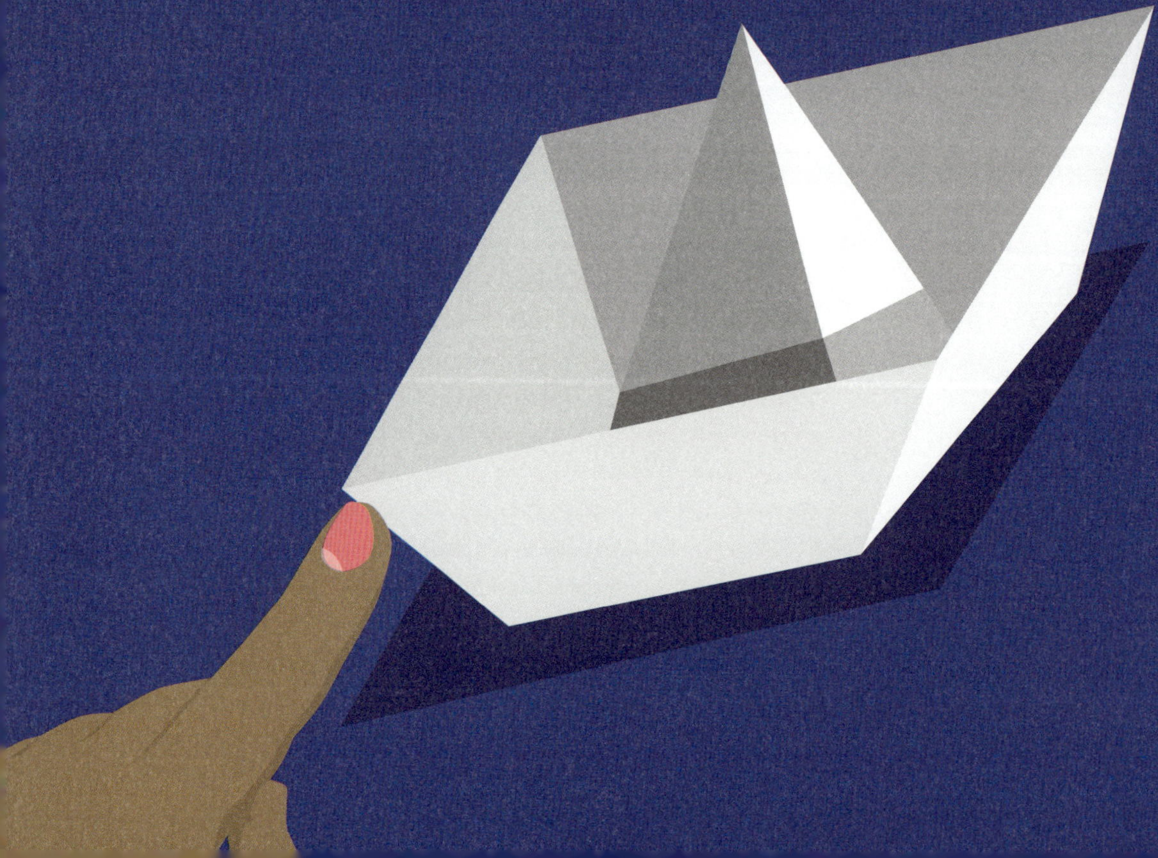

Dieses Buch zeigt Möglichkeiten, wie Menschen in der Wirtschaft neu und anders denken, wie sie bessere Ideen finden und folgerichtige Entscheidungen treffen können. Es handelt davon, wie Unternehmen lebendiger werden. Mit einer Intention, die sie leitet, einem Rundumblick auf möglichst viele Sichtachsen des Vorhabens, einer Leitmetapher mit realen und abstrakten Räumen sowie einer Geschichte, die Sinn stiftet und Zukunft vorwegnimmt.

Dieses Buch ist das Ergebnis einer großen gemeinsamen Resonanzanstrengung. Wir, die Ko-Kreateure und Ko-Kreateurinnen dieses Buches, verbrachten viele Stunden und Tage auf den sieben Pontons, die uns halfen, uns als Menschen in Organisationen jeden Tag ein Stück besser zu verstehen.

Wir laden Sie ein, liebe Leser:innen, jetzt selbst über diese sieben Brücken zu gehen!

Sherif Abed	Maria Frick	Kerstin Prothmann
Uwe Aufleger	Anne Haker	Hannah Rauterberg
Jana Becks	Klementine Klein	Arne Reis
Tobias Berten	Michel Kreuz	Franziska Schölmerich
Sonja Bogenschütz	Christopher Kuhl	Tim Schöne
Marco Camboni	Matthias Larose	Michael Schriber
Lucia Daub	Ruth Lassalle	Christoph Schulz-Hamparian
Melina von Dawans	Heike Littger	Christine Stütz
Sandra Driedger	Greta Müller	Carsten Sura
Yannika Ebert	Ferdinand Ostrop	Jannina Töpfer
Peter Felixberger	Petra Pflugfelder	Jan Weilbacher

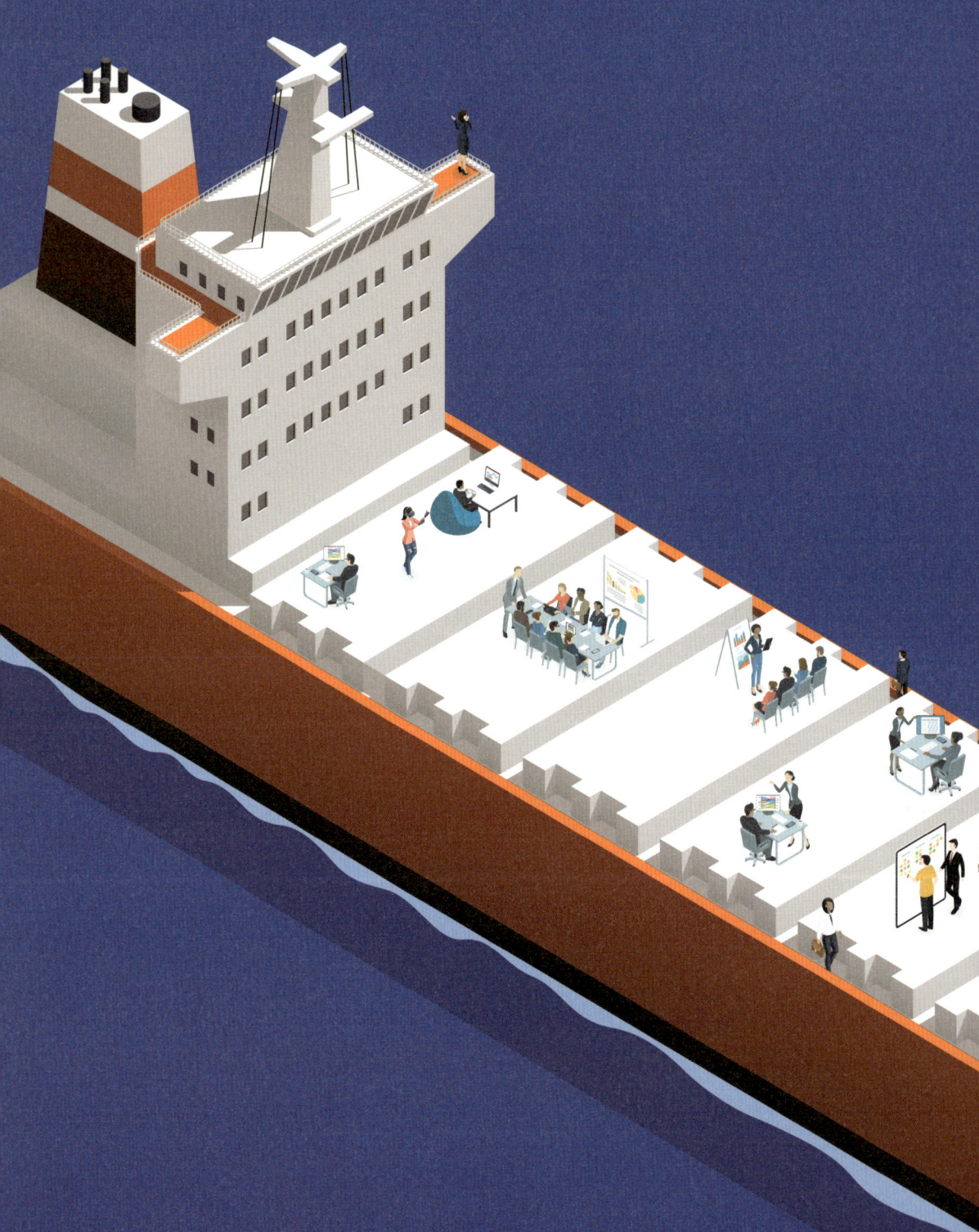

MENSCH, UNTERNEHMEN, WANDEL

Wirtschaft und Gesellschaft stehen vor gewaltigen Herausforderungen. Neue Technologien und Anpassungsschritte sind gefragt. Human Business Design ist eine zukunftsorientierte Denkungsart, mit der Unternehmen diese Transformation besser bewältigen können. Mit dem Menschen im Mittelpunkt.

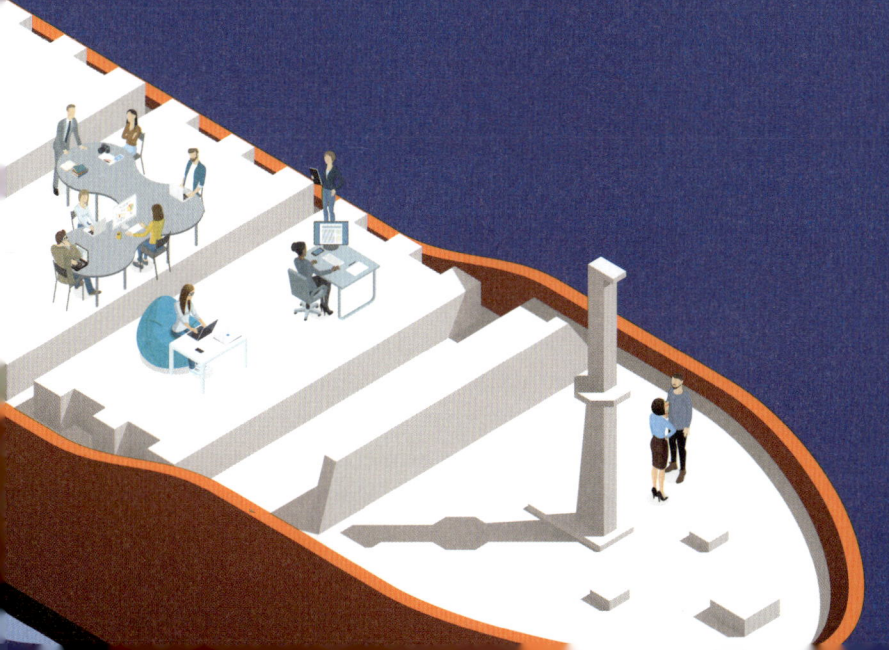

Dieses Buch handelt vom erfolgreichen Zusammenspiel von Menschen und Organisationen in einer dynamischen Welt. Sie ist geprägt von permanenter Veränderung, deshalb müssen sich Menschen und Organisationen fortlaufend anpassen. Ungewissheiten und Unschärfen lauern überall. Wir haben, um die immense Komplexität dieses Geschehens zu bändigen, Metaphern gewählt, die uns helfen, uns einfacher, anders und besser orientieren zu können: Schiffe und Meer, oder anders ausgedrückt: Unternehmensschiffe unterwegs auf dem großen Meer der Wirtschaft.

Dort herrscht natürlich reger Schiffsverkehr. Die Firmenschiffe sind kreuz und quer unterwegs. Einige mit Höchstgeschwindigkeit, andere mit reduzierter Fahrt und wiederum andere gerade mit etwas Schlagseite. Alle versuchen, die richtige Route anzusteuern, eine motivierte Besatzung an Bord in Bewegung zu halten, eine flexible Kommandobrücke zu gestalten sowie einen dynamischen Schiffsantrieb vorzuhalten und eine den Verhältnissen angepasste Motorleistung anzubieten. Sturm, Wind, Wetter und Flaute sind zusätzliche Herausforderungen für Boote und Besatzung, bieten aber auch Chancen, sich weiterzuentwickeln und das Human Business Design fortdauernd neu zu justieren.

Wann sprechen wir überhaupt von Human Business Design?

Wir nennen diese Evolutions- und Anpassungsarbeit das Human Business Design. Es geht darum, dass Risiken, Chancen, Gefahren, Optionen, Umweltbedingungen, kurzum: das Ungewisse in der täglichen Realität zu bearbeiten und zu integrieren. Human Business Design, kurz HBD, findet auf den Schiffen selbst statt ❶. Bei voller Fahrt und bei jedem Wetter. Um es erfolgreich verwirklichen zu können, fahren wir temporär sogenannte Pontons an ❷. Um sich neu zu orientieren und auszurichten. Mit Lösungen, Ideen, Perspektiven, Sichtachsen und Fallbeispielen. Auf kleinen Beibooten steuern wir diese Pontons ❸ an. Dort kann sich die Crew ihren Problem- und Aufgabenstellungen, die im HBD-Prozess ersichtlich werden, detailliert und konkret widmen. Hier erfährt sie, was andere tun, was andere denken, wie und warum sie es genau wann tun. Bei Reparatur- und/oder Aktualisierungs-

①

Achtung, womöglich Kursänderung!
Das Unternehmen muss sich schnell
ändern und anpassen – ein neuer
Kurs wird angestrebt.

Achtung, Ponton-Aufladung!
Das Unternehmen erhält
neue Sichtachsen, Perspektiven
und Werkzeuge – die
Veränderung darf kommen.

③

Achtung, Ponton-Stopp!
Das Unternehmen braucht neues
Wissen und Know-how – ein
Ponton wird ausgewählt
und dann angedockt.

②

Das Ponton-Prinzip
ist der wichtigste Teil des Human Business
Design. Es bietet Schiffsanlegern sieben
Reflexions- und Beratungsflächen für
die unternehmerische und individuelle
Selbstüberprüfung.

④

Achtung, Kurswechsel!
Das Unternehmen kann
wieder in See stechen –
die Veränderung wird
konkret realisiert.

bedarf im Human Business Design dockt man an diese Pontons an, die als Inselensemble auf dem Meer warten. Nach der Wissensaufladung kehrt man auf das Unternehmensschiff zurück, um seine neu gewonnenen Erkenntnisse in die Praxis umzusetzen. Die Fahrt geht weiter. Das Human Business Design erhält eine Neuauffrischung. ④

Beispiele nautischer Organisations-formen: Schnell wird klar – hier geht es um Effektivität und Möglichkeiten menschlicher Leistungsfähigkeit.

Human Business Design zeigt, wie wichtig es ist, Menschen und Organisationen in gegenseitig produktiver Bewegung zu halten. Das Buch ist als Entscheidungshilfe konzipiert, wie beide sich in einer extrem transformativen Welt progressiv bewegen können – wie beide den Sinn ihres Fortschreitens und ihrer Werteorientierung besser verstehen und sich in den innovativen und umstürzlerischen Strom neuer Produkte, Services und Problemlösungen einklinken lernen. Bevor wir uns eingehender der Ponton-Welt widmen, wollen wir das Human Business Design im Gesamten genauer unter die Lupe nehmen.

Design zielt darauf ab, dem Menschen zu dienen. Es gibt den Dingen einen Sinn und macht sie verständlich. Business Design ist zunächst das sinnvolle Betriebssystem eines Unternehmens, das permanent eine Art von Neubesinnung auf sich verändernde Umweltbedingungen vornimmt. Dahinter verbirgt sich ein lebendiger Organismus mit Menschen, »Humans« eben, die sich fortwährend neu einstellen und kalibrieren. Human Business Design betrifft alle Unternehmen, unabhängig von Sektor, Branche, Unternehmensgröße und Reifegraden. Unternehmen haben nämlich fortwährend die Aufgabe, ihre Antriebe und Betriebssysteme schnell und wirksam anzupassen. Permanent, ohne Ende, Mensch und System Hand in Hand.

Mit anderen Worten: Es geht immer und besonders auch darum, die Zusammenarbeit von Menschen (neu) zu gestalten und weiterzuentwickeln. Das Humane mitzudenken. Deshalb nennen wir unsere Methodik Human Business Design: Menschen ins Boot holen, Organisationen kalibrieren und schließlich sich und die Mitarbeitenden weiterentwickeln.

Erlebnis
Die Veränderung
wird über bewusst
gestaltete Erlebnisse
erfahrbar und damit
einfacher zu
verinnerlichen.

Konsistenz
Das Erlebnis der
Veränderung ist über
alle Botschaften und
Formate, die im
Prozess angeboten
werden, beständig.

Kontinuität
Die Veränderungs-
ergebnisse werden
lückenlos zu-
sammenhängend
und fortdauernd
gestaltet.

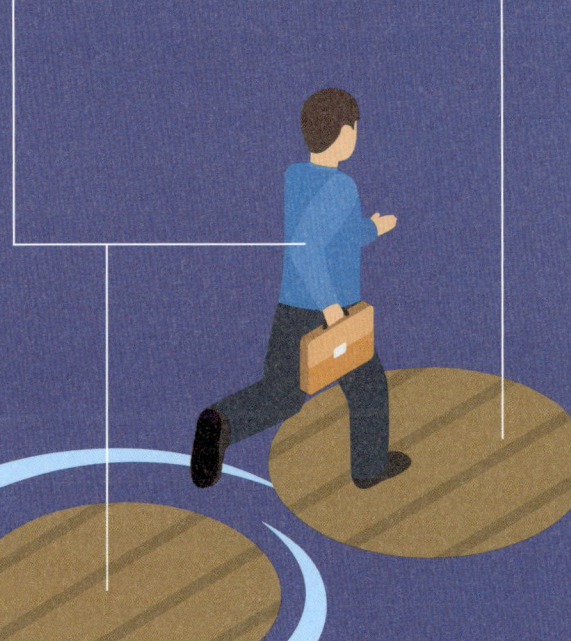

Change follows Design

Die drei wichtigsten Prinzipien für
wirksame Veränderungen

Der Ansatz des Human Business Design setzt erstens an den Bedürfnissen der Anspruchsberechtigten an, die es zweitens in der Logik eines gemeinsam erlebten Erkenntnisprozesses aller Beteiligen drittens konstruktiv zu integrieren gilt.

Alle Change-Herausforderungen sind deshalb Human Business Design-Herausforderungen! Von Collins und Porras stammt der unverrückbar richtige Satz: »Building a visionary company is a design problem, and great designers apply general principles, not mechanical lock-step dogma. Any specific how-to will almost certainly become obsolete.« Die Leser:innen finden daher in diesem Buch keine Rezepte, Schnelltests oder voreilige Schritt-für-Schritt-Anleitungen, sondern ein grundsätzlich neues Designmodell (HBD) mit sieben verschiedenen Ponton-Aufladestationen für Rechange und Remake.

Ein Designansatz will mehr erreichen. »Design is a kind of mental window shopping«, sagt Herbert Simon und meint die Arbeit an Möglichkeiten. Design weckt den Möglichkeitssinn, der uns flexibel auf die Zukunft vorbereitet, es entstehen gedankliche Schaufenster. Design-Denken ist gestalterisches Denken, das im Konkreten ansetzt. Es steuert unsere Wahrnehmung, baut Präferenzen auf und selektiert Möglichkeiten, geht aber nicht davon aus, diese Rahmenbedingungen, Wahrnehmungen und Möglichkeiten vollständig zu verändern. Ziel guter Designer:innen ist es, eine größtmögliche Vielfalt und Freiheit zu erlangen. Dazu bedarf es einer Varietät von Expert:innen wie Designer:innen, Architekt:innen, Soziolog:innen oder Trendforscher:innen, was eine möglichst vielschichtige Herangehensweise gewährleistet.

Designer:innen nehmen Zukunft durch Bilder vorweg. Design stößt an Grenzen. Was einen Umgang mit Komplexität in zwei Richtungen nach sich zieht: Auf der einen Seite vermindert der Design-Ansatz jegliche Komplexität, weil er nur einen Ausschnitt aus einem größeren Ganzen abbildet. Andererseits findet durch den Aufbau unterschiedlicher Perspektiven und Herangehensweisen eine Zunahme von Komplexität statt.

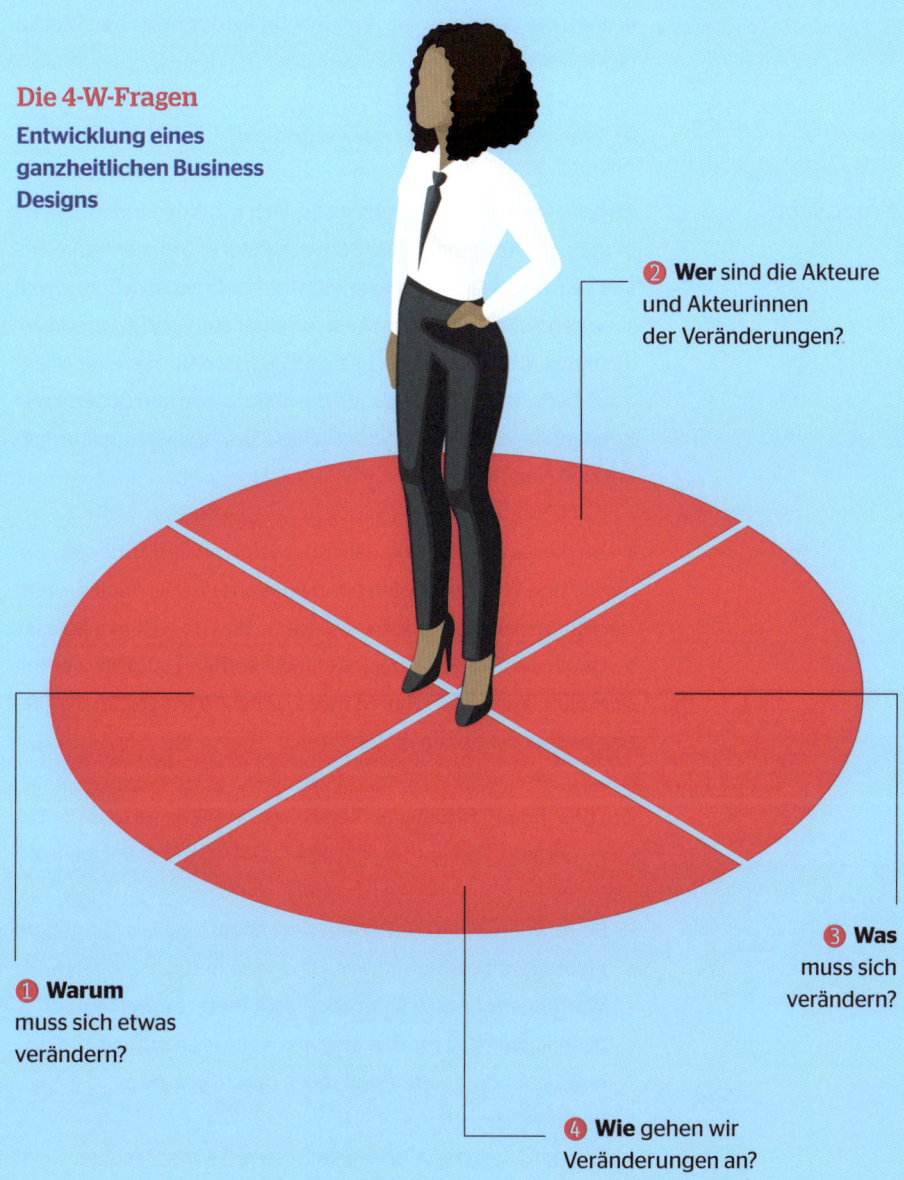

Die 4-W-Fragen

Entwicklung eines ganzheitlichen Business Designs

❷ **Wer** sind die Akteure und Akteurinnen der Veränderungen?

❸ **Was** muss sich verändern?

❶ **Warum** muss sich etwas verändern?

❹ **Wie** gehen wir Veränderungen an?

In der Abbildung auf Seite 15 haben wir die vier W-Fragen geordnet, mit denen wir die Komplexität besser begreifen und integrieren können.

**Die vier
W-Fragen im
Kurzcheck**

❶ Warum muss sich etwas verändern?

Zweck eines Unternehmens ist es, sich mit Kund:innen zu verbinden. Dieser sinngemäße Satz von Peter F. Drucker hat nichts von seiner Richtigkeit eingebüßt. Unternehmen existieren, weil sie einen Beitrag leisten und ein Angebot zur Verfügung stellen, die einen Wert darstellen beziehungsweise für die eine Nachfrage besteht, das heißt, die auf die Bedürfnisse und Bedarfe von Kund:innen eingehen (dynamisches Gleichgewicht aus Angebot und Nachfrage).

Wenn dieses dynamische Gleichgewicht von Bedürfnissen / Bedarfen und Wertangeboten aus der Balance gerät, dann besteht Handlungsbedarf, etwas zu verändern. Was aber führt zu dieser Veränderung? Welche externen und internen Einflüsse werden sichtbar? Das Unternehmen muss seine Veränderungsmotivation besser verstehen lernen.

Das Gleichgewicht kann aus verschiedenen Gründen aus der Balance geraten. Fast immer trifft eines der folgenden Beispiele zu:

• Bedürfnisse / Bedarfe ändern sich, sodass die Wertangebote nicht mehr passen.
• Wertangebot passt, kann aber nicht mehr zur Verfügung gestellt werden, weil die internen Voraussetzungen nicht (mehr) gegeben sind (etwa durch fehlendes Personal).
• Wertangebot passt, aber es darf so nicht mehr / sollte anders / könnte besser zur Verfügung gestellt werden, da sich Rahmenbedingungen ändern (etwa durch neue Gesetze).
• Möglichkeit, bisher unentdeckte / nicht adressierte Bedürfnisse mit neuen Wertangeboten zu befriedigen.

Die wesentlichen Veränderungstreiber kommen aus den Perspektiven Kundschaft, Markt, Technologie sowie Gesellschaft. Wir werden sie auf den Pontons wieder treffen.

❷ Wer sind die Akteure, die Akteurinnen?

Wie gesagt: Unternehmer:innen, Macher:innen und Manager:innen suchen die Pontons im Rahmen ihres HBD-Prozesses dann auf, wenn das Gleichgewicht aus der Balance geraten ist. Es gilt, schnell zu klären, wer von der aktuellen Veränderung betroffen ist und welche Bedürfnisse / Bedarfe überhaupt adressiert werden. Es gibt unter anderem folgende Change-Gruppen: Direkt Betroffene. Indirekt Betroffene. Sonstige Anspruchsberechtigte. Agenten der Veränderung. Entscheidungsträger:innen. Projekt- und Designteam.

Human Business Design ist ein partizipativer Ansatz. Er geht davon aus, dass Menschen als selbstbestimmte Subjekte die HBD-Architektur aushandeln. Wir sollten Menschen nicht aus der Objektperspektive betrachten. Sie sind Handelnde, die vor allem das unterstützen, was sie selbst erschaffen haben. Durch den Einbezug diverser Stakeholder:innen sichern wir eine ganzheitliche Perspektive auf ein Veränderungsvorhaben. Ein früher und kontinuierlicher Einbezug der Stakeholder:innen sowie Partizipationsmöglichkeiten für Betroffene sind wesentlich, um eine tragfähige Basis für Wandel im Sinne der internen Verantwortungsübernahme zu schaffen.

❸ Was muss sich verändern?

»Management heißt, die Dinge richtig zu tun; Führen heißt, die richtigen Dinge zu tun.« Auch dieser Satz stammt von Peter F. Drucker und ist ebenso wahr. Tun Sie die Dinge richtig? Wenn ja, dann arbeiten Sie effizient. Genauso wichtig ist jedoch, dass Sie die richtigen Dinge tun und damit effektiv arbeiten. Druckers Meinung nach verschwenden zum Beispiel die meisten Unternehmen viel Zeit, Energie und wertvolle Mittel darauf, ihre Leichen – ihre alten Produkte – vor der Verwesung zu retten. Nicht so moderne Unternehmen, in denen jeder Mitarbeitende verpflichtet ist, bis zu einem Drittel seiner Zeit für neue Produkte und neue Ideen zu verwenden. Gleichzeitig müssen alte Produkte zugunsten neuer oder bisher unbekannter ausrangiert werden. Was aber ist »richtig«? Was ist unser Geschäft? Was sollte es sein? Was sollte es nicht sein? Die Antworten darauf begründen die Grenzen des Unternehmens. Die sieben Pontons sind dafür »Ponton-Drehscheiben mit Reflexions- und Beratungsflächen« für die betroffenen Akteure. Im Einzelnen: Orientierung & Selbststeuerung, Produkte & Services, Verantwortung & Struktur, Prozesse & Methoden, Orte & Räume, Ressourcen & Fähigkeiten, Kultur & Führung. Human Business Design betrachtet alle relevanten Teile eines Unternehmens (siehe Grafik rechts), entwickelt daraus ein ganzheitliches Bild der Situation und leitet Hypothesen zur Problemstellung und den Veränderungsbedarfen ab. Es gibt Veränderungsimpulse auf individueller, Team- und Organisationsebene, um bisherige Denk- und Verhaltensmuster aufzubrechen.

❹ Wie gehen wir Veränderungen an?

Im Rahmen des HBD-Designs begibt man sich in einen Change-Prozess, der acht Prozessphasen umfasst und auf dem Design Thinking aufsetzt (siehe Grafik Seite 21). Der Prozess ist ein iterativer, atmender Prozess im Wechsel zwischen öffnender/konzeptioneller und schließender/konkretisierender Flughöhe/Fokus/Stoßrichtung. Er ist stabil und vermittelt den Teilnehmenden auf ihrer Reise in das Ungewisse den notwendigen Halt. Und er ist flexibel, um in Bezug auf die Besonderheiten des Problems, die Spezifika der Handelnden und die vorherrschenden Umweltbedingungen passgenau ausgestaltet seine volle Wirkung zu entfalten. Die ersten vier Phasen fokussieren das Problem. In den Phasen 5 bis 8 entwickeln und eröffnen sich Lösungsideen, die dann priorisiert und kombiniert werden. Nie vergessen: Human Business Design ist auf den Menschen ausgerichtet. Es geht darum, wie sich Veränderungen für die Betroffenen anfühlen und aus-

Die sieben Pontons

**Reflexions- und
Beratungsflächen
im Human
Business Design**

Orientierung & Selbststeuerung

Wer sind wir und warum gibt es uns?
Welche Form der Orientierung benötigen
wir, um uns gut (selbst) zu steuern? Die
Brücke vom Bewährten zum Begehrten
bauen.

Produkte & Services

Wem bieten wir was an und warum ent-
scheiden sich Kund:innen für uns? Welchen
Output generiert die Organisation für wen?
Aus Möglichkeiten das Nachgefragte finden.

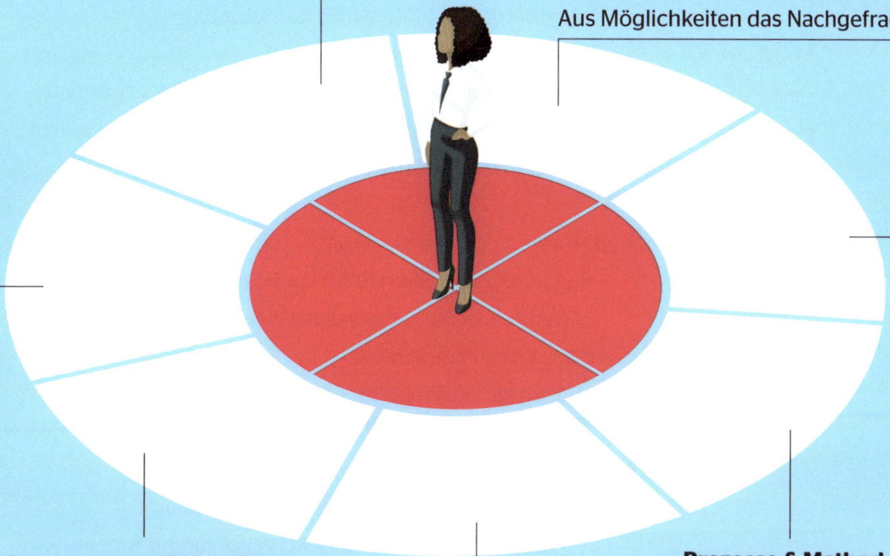

Ressourcen & Fähigkeiten

Was müssen wir können und wissen,
um unsere Leistungen zu erbringen?
Was sind unsere Kraftquellen? Potential
in Wertbeiträge transformieren.

Prozesse & Methoden

Wie fließt die Arbeit von Hand
zu Hand? Wie erbringen
wir unsere Leistung? Zusammenarbeit verflüssigen.

Orte & Räume

An welchen Orten findet Arbeit statt und wie
sind diese räumlich auszugestalten? Analoge
und digitale Welten verschmelzen.

Kultur & Führung

Wie führen wir uns miteinander auf? Welches
Führungsverständnis leben wir? Das Unbewußte
verstehen und sich miteinander verständigen.

Verantwortung & Struktur

Wer kümmert sich um was? Wo wird
Entscheidungsmacht verortet? Ein
Gefühl von Zugehörigkeit schaffen.

wirken. Human Business Design-Denken bietet die Möglichkeit, Veränderungen aus der Zielgruppenperspektive zu prüfen und neue Lösungen umzusetzen. Selbstbestimmung ist die neue Freiheit, Komplexität ihr Anstifter.

❶ Strategize

- Veränderungsbedarf identifizieren und Art des Vorhabens festlegen und aufsetzen (Projekt, Programm, Veränderungsroutinen im Regelbetrieb);
- Veränderungsstrategie festlegen;
  Nutzen dieser ersten Phase: eine Opportunität beziehungsweise Handlungsnotwendigkeit entdecken und bestimmen sowie ein entsprechendes Vorhaben aufsetzen.

❷ Define

- Handelnde und deren Rollen bestimmen sowie die Zusammenstellung des Projektteams als erste Intervention betrachten;
- Auftrag klären, Problem/Chancen-Raum abstecken, Erkenntnisfrage formulieren und Zielvorstellung entwickeln;
- Nächste Schritte, Zeit und Budget vereinbaren;
  Nutzen der zweiten bis siebten Phase: für das Problem/Chance die passende Lösung finden.

❸ Understand

- Bedarfe der Handelnden entlang der Pontons erschließen sowie Empathie für die Menschen im System entwickeln;
- Nach Erkenntnissen forschen und naheliegenden Lösungsideen widerstehen;
- Resonanzräume wechseln, Perspektiven variieren und immer offen für Neues sein.

❹ Synthesize

- Informationen auf den Punkt bringen und zusammenführen;
- Erkenntnisse auswerten und interpretieren;

Die acht Prozessphasen

**Aktionsflächen im
Human Business Design**

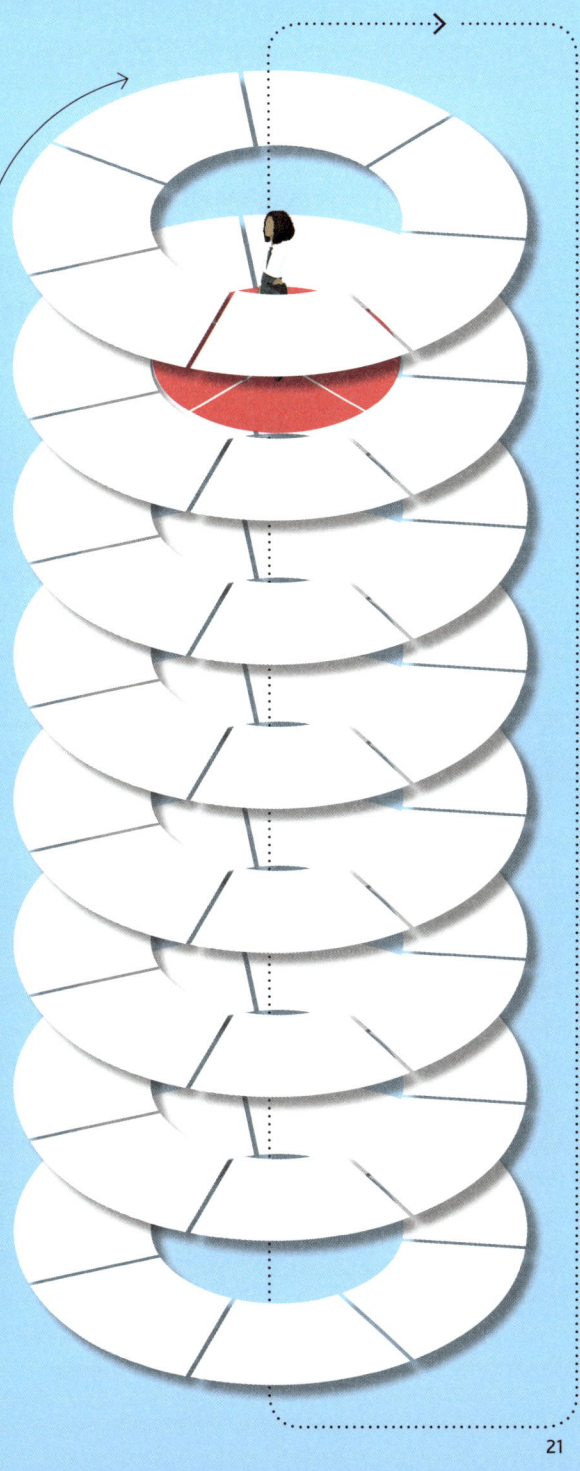

❽ Do

Implementieren, leben und
Erfolgsfähigkeit steigern

❼ Test

Wirksam- / Wirtschaftlichkeit
prüfen und sichern

❻ Prototype

Lösungsideen ausarbeiten
und konzeptionalisieren

❺ Ideate

Ideenkiste erlebnisorien-
tiert entwickeln

❹ Synthesize

Differenzen würdigen und
Point of view festlegen

❸ Understand

Bedarfe erschließen und
Feldforschung etablieren

❷ Define

Begriffe klären und Problem-
verständnis abgleichen

❶ Strategize

Strategische Handlungsfelder
finden und einsortieren

• Probleme, Bedürfnisse, Wünsche filtern und einen
  Standpunkt einnehmen (priorisierte Handlungsfelder).

⑤ Ideate

• Viele Ideen entwickeln und ausarbeiten;
• Ideen intelligent und überraschend kombinieren/
  sortieren/priorisieren;
• Erlebnisorientiert arbeiten (sowohl in Bezug auf die
  Designer:innen/Ideenentwickler:innen als auch später für
  Feedbackgeber:innen).

⑥ Prototype

• Lösungsidee(n) greifbar/beobachtbar/überprüfbar
  ausarbeiten;
• Auf die Essenz der Lösung(sideen) beziehungsweise
  kritische Features fokussieren (nicht jedes Lösungsdetail
  ist in diesem Stadium wichtig);
• Iterativ arbeiten (Pretotype, Prototype, Minimum Viable
  Product (MVP).

⑦ Test

• Feedback einholen und offen für Veränderung sein;
• Aktiv zuhören und verstehen wollen;
• Systemischer Abgleich aus Business Design sowie
  Perspektiven/Pontons und Erfolgsdimensionen
  gewährleisten.

⑧ Do

• Lösung(en) in den Betriebsalltag überführen,
  verankern und skalieren;
• Lösung(en) annehmen/integrieren, leben und
  Erfahrungen sammeln;
• Veränderungswirkung(en) beobachten/erspüren und
  (Weiter-)entwicklungsbedarfe wahrnehmen.
  Nutzen der achten Phase: die Problemlösung einführen
  und verankern sowie im Verwendungsalltag Anpassungs-
  bedarfe identifizieren.

ANPASSUNG, METHODEN, LÖSUNGEN

Wer im Human Business Design vorankommen will, braucht externe Aufladung und Ausrichtung. Auf den Pontons findet man nützliche Fallbeispiele, Werkzeuge, Methoden und Resonanzräume.

Pontons sind wegweisende Reflexions- und Beratungs- flächen

In der kleineren Welt der Pontons herrscht ebenfalls reges Treiben. Überall legen Beiboote an oder verlassen gerade die Ponton-Fläche in Richtung des Mutter-Unternehmensschiffs oder des nächsten Pontons. Wir blicken auf den Pontons symbolisch auf andere Unternehmen, auf andere Menschen, Strategien, Prozesse und Werkzeuge, wie sie zusammenwirken, um auf dem scheinbar unendlichen Meer navigieren und Kurs halten zu können.

Dabei wird schnell klar: Es gibt kein Schiff, das letztlich genial oder perfekt ausbalanciert durchs Wasser gleitet. Jedes Schiff gerät mehr oder weniger ständig aus dem Gleichgewicht, es verlässt bisweilen sogar seinen idealen Kurs. Und gerät aus der Balance. Was nicht weiter schlimm ist. Denn die Vorstellung des perfekten Gleichgewichts zwischen Umwelt, Organisation und Mensch ist überholt. Schiffe ecken an, kollidieren, bekommen Schlagseite, treiben umher, und im schlimmsten Fall sinken sie sogar auf den Meeresgrund. Andererseits trotzen sie hohen Wellen, überwinden angstauslösende Stürme und erkunden Neuland. Oft genießen sie die selbstorganisierte und selbstbestimmte Fahrt durch tiefe Wellentäler und hochschießende Schaumkronen.

Dieses Buch versucht gleich gar nicht, dem ewigen Traum des Gleichgewichts zwischen Unternehmen, Mensch und Umwelt nachzuhängen – oder die Beherrschbarkeit des Meeres auszurufen. Es weiß vielmehr, dass Unternehmen dieses Gleichgewicht zwar anstreben, aber es nie ganz erreichen werden. Auch wenn man wie ein rastloser Sprinter durch die Welt rennt. Es ist wie beim Wettrennen zwischen Hase und Igel. Der Hase rennt sich zu Tode, weil er zwischen zwei Punkten ständig hin und her hetzt, der Igel ist immer schon da, weil beide Punkte von zum Verwechseln ähnlichen Igeln besetzt sind. Immer schneller, höher, weiter endet, wie in diesem Märchen, oft in bizarrer Überforderung bis hin zum Untergang. Die richtige Balance finden bedeutet hingegen, sein Human Business Design ruhig, ausdauernd, intelligent und leistungsgerecht auf Markt und Umwelt auszurichten.

Die richtige Balance finden ist die Kunst der Unternehmens-führung. Das vorliegende Buch will dafür einen zentralen Bei-trag leisten, diese Kunst näher kennenzulernen und für sich zu entwickeln. Wir nennen es das Ponton-Prinzip. Wichtig: Pontons können durchaus wackelig sein, aber sie gehen nicht unter.

Wie bereits angedeutet, sind Pontons kleine Schwimminseln, an denen Schiffe anlegen können. Anlegestellen, auf denen man seinen Blick rundherum schärfen kann. Pontons sind die idealen Arbeitsplattformen, auf denen man seine Ressourcen und Ak-tivitäten überprüfen kann: von Produkten und Services über Fä-higkeiten bis hin zu den Finanzen. Jeder der sieben Pontons ist ein Schiffsanleger für unternehmerische und individuelle Selbst-überprüfung und Aktualisierung von Optionen und Möglichkei-ten. Hier treffen Menschen, Beispiele und Werkzeuge aufeinan-der. Es bietet sowohl einen Refresh eigener Potenziale als auch mehr Perspektivendifferenz eigener Problemlösungen.

An jedem Ponton herrscht ein gemeinsamer Wille, dass man voranschreiten will. Hier wird interpretiert sowie ausprobiert, was noch nicht ist. Und man sucht, was noch auszuprobieren ist. Pontons sind Inseln der Exploration und Neuarrangements, aber auch der Effizienz und Exploitation. Wir erneuern uns, laden uns auf und gewinnen neue Stabilität.

Die sieben Pontons sind in einem Kreis angeordnet und liegen mitten im Meer. Jedes Unternehmensschiff hält Beiboote für die Ponton-Anlegestellen bereit. In den Beibooten sitzen die Chan-ge-Teams sowie ihre Akteure und Akteurinnen. Kleinere Unter-nehmen und Start-ups fahren direkt in ihren kleineren Booten vor. Pontons sind Orte der systemischen Reflexion. Und es sind externe Orte, jenseits der Unternehmensschiffe, an denen eige-ne Aufgaben- und Problemstellungen gespiegelt und sichtbar werden können.

Die Beiboote legen an den Pontons an, und Crew-Mitarbeitende strömen aus. Auf jedem Ponton wartet ein Markt der Optionen,

Über kurze Stege
gelangt man auf das
Ponton.

Lösungen und Perspektiven. Besucher:innen lernen nicht nur neue Techniken, Methoden und modernisiertes Prozesswissen kennen, sondern treffen auch andere Unternehmen, Unternehmer:innen, Crew-Manager:innen, Schiffsmonteur:innen. Mit ihren spezifischen Fallbeispielen und Ausbalancierungen. Sie bieten eine große Bandbreite von temporären Aha-Realitäten bis hin zu profunden Gesetzmäßigkeiten, die die Besucher:innen anspornen, ihren eigenen Kurs auf dem Meer zu finden.

Auf jedem Ponton durchläuft man einen Pfad. In sogenannten Dock-Ins bieten wir Ihnen zunächst ausgewählte Problem- und Aufgabenstellungen an, mit denen Sie matchen, also beurteilen, wie weit Sie diese Dock-In-Realitäten auf ihre Unternehmenssituation anwenden können. Dann machen wir Sie mit Resonanzräumen vertraut und zeigen dahinterliegende Prozesse und Lösungsrealitäten, die für Sie eine tragende Rolle spielen können. Am Ende Ihres Ponton-Pfades bekommen Sie schließlich Deep-Outs von uns. Darin finden Sie fundamentale Erkenntnisse rund um das spezielle Ponton-Thema.

Pontons sind Gesprächskulturen

In Hawaii wird ALOHA als Grußformel beim Kommen und Gehen verwendet und bedeutet soviel wie Freundschaft. Wie passend: In diesem Sinne rufen wir Ihnen als Change-Begleiter ein herzliches ALOHA zu. Gemeinsam wollen wir mit einem ALOHA die Komplexität unserer Design- und Change-Prozesses willkommen heißen, sie vielleicht sogar umarmen.

By the way: Was hat es mit der Komplexität in der Welt der Unternehmen überhaupt auf sich? Nun, komplexe Systeme, zum Beispiel Unternehmen, überleben eher, wenn sie nicht kompliziert sind. Komplizierte Systeme sterben nämlich eher. Der Grund ist trivial: Komplexe Systeme sind nicht kontrollierbar, sie sind unvorhersehbar, aber genau deswegen kreativ und innovativ. Unschärfe schafft Innovationsraum.

Was komplizierte Menschen nicht akzeptieren wollen. Sie ersetzen Komplexität durch Kompliziertheit, wollen jeden Fehler von vornherein ausschalten, machen dadurch aber alles noch komplizierter. Am Ende klappen Strom- und Telefonnetze zusammen, Flugzeuge stürzen ab, Umsätze brechen ein, und Viren reisen um die Welt. Pläne brechen auseinander.

ALOHA

Schaffe einfache Zugänge zur Problemlösung, lerne die vielfältigen Angebote kennen und nutze Freiräume, sie einzusetzen.

Anlegen – Überlegen – Loslegen

Der detailliertere Ablauf ist wie folgt: Ein Schiff (repräsentiert das Unternehmen) hält vor der Ponton-Welt, lässt ein Beiboot zu Wasser und legt am ausgewählten Ponton an.

❶ Am Dock-In-Schalter wartet eine Reihe von Aufgabenstellungen, die wir einzeln oder zu mehreren bearbeiten wollen. Diese korrespondieren mit den Symptomen und Anlass-Situationen, die von außen mitgebracht werden.

❷ Wir betreten die Resonanzräume. Dort sind wie auf einem Marktplatz verschiedene Stände mit neuen Ideen, Optionen und Strategien aufgebaut. Das Ziel: Man lässt sich beraten, inspirieren und sucht Antworten für sein ursprüngliches Dock-In-Problem. Einerseits überprüft das Individuum die verschiedenen Sichtachsen auf seine persönlichen Entwicklungs- und Karriereräume. Andererseits überprüfen Unternehmen, wie sie innovativ, strategisch und organisational zu entscheidenden Lösungen kommen.

❸ Am Ende gelangt man in den Deep-Out. Hier manifestieren wir noch einmal die wichtigsten Konzentrationen und Verdichtungen des zuvor Gehörten und Gelesenen. Für die nächste Teilstrecke auf dem Meer. Gemäß unserem Ponton-Prinzip: Neu aufgeladen kehrt man zum Beiboot zurück, überlegt, ob man noch weitere Pontons besuchen sollte, tut dies und / oder kehrt zum Schiff zurück und sticht wieder in See.

Alle Schiffe sind ständig auf den Weltmeeren unterwegs. Diese bilden die Umwelt. Dort geht es mitunter sehr ruppig zu. Schiffe geraten in Stürme mit hohen Wellen oder in starken Gegenwind. Sie müssen schnell und zielgerichtet unterwegs sein, egal, welche Rahmenbedingungen herrschen. Auf die Umwelt hat man kaum bis gar keinen Einfluss, geschweige denn Kontrolle. Die Schiffe integrieren die Umwelt in die Mitwelt der Organisation und in die Mitwelt der Individuen. Schiffe erreichen immer nur Etappenziele, kommen aber nie final an. Wäre es nicht so und könnten die Schiffe nicht mehr auslaufen, wäre ihre Geschichte

Das Ponton

Reflexions- und Beratungsfläche für betroffene Akteure und Akteurinnen.

① Dock-In

Wir betreten das ausgewählte Ponton mit unserem Change-Symptom. Beispiel: Eine Produkt-innovation muss überprüft werden. Wir matchen unser Change-Symptom mit den Aufladeangeboten.

② Resonanzräume

Wir laden Wissen und Know-how auf – persönlich und unternehmerisch.

③ Deep-Out

Wir nehmen die Essenz mit, checken wieder aus und kehren aufs große Meer zurück.

zu Ende. Das gilt auch für unsere Pontons. Man legt an, sieht neue Ideen, Optionen, Perspektiven und Strategien, die man dann an Bord nimmt und mit denen man wieder in See sticht. Neue Ladung.

Die Leser:innen dieses Buchs lernen, dass Wirtschaft ein komplexes Zusammenspiel aus Individuum, Organisation und Umwelt ist. Die jeweiligen Ebenen zusammengenommen ergeben ein Human Business Design. Das ist für jedes Unternehmen unverwechselbar und muss permanent angepasst und reaktualisiert werden. Dafür sind die Pontons zuständig. Eines ist klar: Wirtschaft ist immer dort, wo Ungewissheit herrscht. Deshalb muss man jedes Business Design effizient gestalten (Achtung: keine Ressourcenverschwendung, sondern die richtigen Ressourcen nachhaltig auswählen), gleichzeitig aber auch innovationsoffen erforschen. Beides muss man gut können (Sowohl-als-auch, nicht Entweder-oder). Es ist eng miteinander verknüpft.

Wir haben deshalb auch einige Schiffskapitän:innen (Storytelling) mit an Bord genommen. Sie erzählen uns relevante Ponton-Storys, erinnern sich an stürmische Navigationen und zeigen uns, wie sie immer wieder das sich auftürmende Nicht-Entscheidbare am Ende doch entschieden haben. Echte Ponton-Unternehmer:innen eben, unterwegs auf den Meeren dieser Welt. Zu guter Letzt wären wir froh, wenn die Leser:innen nach der Lektüre in Erwägung ziehen, dass im stetigen Aushandeln der Keim des unternehmerischen Fortschritts liegt. Nur wer zwischen Individuum, Organisation und Umwelt sowie zwischen Exploitation und Exploration ausbalancieren kann, wird bessere Handlungsoptionen für sein Unternehmen finden.

Es ist vergleichbar mit der Donut-Metapher von Kate Raworth, die versucht, Kapitalismus, Ökologie und soziale Grundrechte im digitalen Zeitalter miteinander zu versöhnen. Ihre zentrale Leitmetapher ist der amerikanische Donut mit dem Loch in der Mitte. Darin, sagt sie, befinden sich mit Hunger und Analphabetentum zentrale Bedrohungen der Menschheit. Während jenseits des äußeren Rings Klimawandel und Umweltzerstörung liegen, die den Planeten bedrohen. Dazwischen befinden sich unsere Bedürfnisse, die zu befriedigen sind, sowie die neue Welt der Unternehmen und Produkte. Raworth will uns ein zeitgemäßes Wirtschaftsmodell zeigen. Sie zerstört alte Bilder und schafft neue, die uns fortan leiten sollen. Sozial anpassungsfähige Menschen statt Homo oeconomicus. Dynamische Komplexität statt statischer Gewissheit und bürokratischer Sicherheit.

Die Pontons bieten sich als neue Denkungsart an. Eine Metapher, in der man unabhängig und offen zu Entscheidungen kommt. Über ein Beiboot können sieben Pontons angesteuert werden. Auf den Reisen baut man ständig am neuen, einzigartigen Human Business Design für sich, die Organisation und in Wechselwirkung mit der Umwelt. Um langfristig zu überleben.

Wir sind überzeugt: Nur wer Containerschiffe, Beiboote, Pontons und das Meer gleichermaßen im Blick hat und zu navigieren weiß, wird auch morgen noch überleben können. Immer mit dem Ziel, unseren Frieden mit der steigenden bis überbordenden Fülle der Komplexität zu finden und mit ihr im Einvernehmen zu leben.

Zusammen-fassung

Human Business Design (HBD) bedeutet permanente Evolution. Unternehmen jeder Größe und Branche fahren quer über die Meere. Dort lauern neben Gefahren und Risiken eine Vielzahl neuer Optionen, Chancen und Selbstentfaltungsrouten. Diese gilt es ständig zu berücksichtigen und zu integrieren, wodurch das Human Business Design fortwährend angepasst werden muss. Alle Schiffe re-modellieren, re-mixen, re-maken und re-organisieren dieses Design – systemisch und individuell. Um dies einfacher, anders und besser tun zu können, warten auf die Seefahrer:innen, symbolisch ausgelagert, sieben Pontons. Dort lernen sie die hohe Kunst des Ausbalancierens von konkreten Themen, Trends und Fallbeispielen kennen. Wir offerieren den Leser:innen in diesem Buch dafür einen leicht verständlichen Designraum, in dem sie ihr Unternehmen zeitgemäß abbilden und entwickeln können. Die gesamte Architektur bezeichnen wir als Human Business Design (HBD). Darunter befinden sich die vier W-Fragen sowie acht Aktionsflächen beziehungsweise Prozessphasen, in denen das Ungewisse bearbeitet und integriert werden kann. Und zu guter Letzt die sieben Reflexions- und Beratungsflächen auf den Pontons, denn diese Art der Designarbeit braucht fortdauernd aktuelle Know-how-Neuausrichtungen und -Auffrischungen. Hier erfährt man, was andere tun, was andere denken, wie und warum sie es genau wann tun. Bei Reparatur- und /oder Aktualisierungsbedarf dockt man an diese Pontons, die als Inselensemble auf dem Meer warten.

Im HBD ist das Ponton-Prinzip integriert. Mit dessen Hilfe kann man komplexe und komplizierte Anpassungs- und Veränderungsleistungen in jedem Unternehmen vornehmen. Immer in dem Sinne, dass Unternehmen den Menschen dienen und nicht umgekehrt. Weshalb wir ein modernes Business Design ausschließlich als Human Business Design bezeichnen wollen.

So, jetzt bitte alle einsteigen! Leinen los! Obwohl, kurz noch mal haltmachen. Wir haben noch nicht über das Meer gesprochen. Tief und unergründlich, dynamisch, robust, nicht kontrollierbar, nicht linear, offen und kreativ. Darauf Schiffe kreuzend mit Menschen, die genauso codiert sind. Jede Welle anders, jede Brandung rauschend. Wer so denkt und agiert, hat ein offeneres Verständnis von Wirtschaft. Lassen Sie uns kurz erläutern, was das für uns bedeutet.

Leitbegriffe in
diesem Kapitel:

• Deep-Out
• Dock-In
• Exploitation
• Exploration
• Homo oeconomicus
• Komplexität
• Kompliziertheit

Glossar auf S. 190

WERTE, SINN, VERANTWORTUNG

Die Wirtschaft ändert vielerorts ihr Selbstverständnis.
Purpose ist das große Schlagwort. Es bedeutet:
Mehr Sinn stiften, Werte verankern und
Verantwortung für eine bessere Welt übernehmen.

**66 Sinn ist das
ständige Neu-
arrangieren der
Unterscheidung
von Aktualität und
Möglichkeit, das
fortlaufende
Aktualisieren von
Möglichkeiten. 99**
Armin Nassehi

Wirtschaft ist heute nicht mehr nur die große Spielwiese neuer Produkte und Profiterwartungen, sondern im Idealfall auch ein werteorientierter Anker für Individuum und Gesellschaft. Nicht zuletzt dient Wirtschaft dem Menschen – und nicht umgekehrt. Wirtschaft wird von starken Werten zusammengehalten. Zum Beispiel der Verantwortung. Für den Soziologen Ralf Dahrendorf heißt es, dem anderen Freiraum für eigene Entscheidungen einzuräumen. Und damit für Mut, Kreativität und Fantasie. »Verantwortung bedeutet, dass dem Einzelnen ein breiter Spielraum des Ermessens gewährt und dieser durch Vertrauen, nicht durch ständige Sanktionen garantiert wird.«

Ein urliberaler Gedanke. Aber nur halb. Den ganzen Sinn erhält er nur, wenn er mit gesellschaftlicher Verantwortung gekoppelt ist. Drängende Probleme wie Klimazerstörung, Umweltverschmutzung, Armut und Bevölkerungsexplosion bedürfen aktiver und konstruktiver Lösungshilfen aller, auch und besonders im Verbund mit Unternehmer:innen und Unternehmen. Gesellschaftliche Verantwortung gehört deshalb grundlegend zu Wirtschaft. Werte sind der Kitt zwischen Individuen und Unternehmen genauso wie zwischen Unternehmen und Gesellschaft. Beiderseitig.

Allerdings ist Wirtschaft auch ein Teilsystem, das sich über eigene Prinzipien ausdifferenziert. Es unterscheidet sich von Wissenschaft und Politik. Erstere strebt nach der Logik der Wahrheit, Politik muss daraus fall- und situationsbezogen die richtigen Entscheidungen treffen. Wirtschaft hingegen sucht weder das eine noch das andere, sie sucht den nächsten folgerichtigen Schritt. Sie sucht die praktische, innovative Umsetzung, bevor Wahrheit und politische Gesetze dominieren.

Unternehmen fokussieren sich pragmatisch auf ein Zielbild, das allen Mitarbeitenden Sinn und Wert(e) anbietet. Sinn, so sagt der Soziologe Armin Nassehi, »ist das ständige Neuarrangieren der Unterscheidung von Aktualität und Möglichkeit, das fortlaufende Aktualisieren von Möglichkeiten«. Gemeint sind in der

Wirtschaft jene Innovationen und Umbrüche, die das Aktuelle verblassen lassen und das Neue begrüßen. Wirtschaft ist das permanente Aktualisieren von Neuem. Wirtschaft ist alles Sinnhafte, was möglich ist. Sinnhaft bedeutet, diese neuen Möglichkeiten auszuwählen, zu erkennen und zu verarbeiten. Und parallel mit einer Wertebasis zu verbinden, die von Menschen und der Gesellschaft unterstützt wird. Dieses Verständnis verbindet Individuum, Organisation und Gesellschaft.

- In Unternehmen arbeiten Menschen an einer werteorientierten Wirtschaft.
- Menschen arbeiten in werteorientierten Unternehmen für eine emanzipierte Wirtschaft.
- Eine emanzipierte Wirtschaft ist Teil einer Gesellschaft mit werteorientierten Menschen.

Chance und Risiko dieses dreiteiligen Netzverständnisses von Wirtschaft bestehen in der Kontingenz und Komplexität. Denn erstens könnte alles anders sein. Und zweitens könnte alles woanders hinführen. Als Chance bedeutet dies: Kontingenz ist für Individuum, Organisation und Welt die Option, anders zu werden. Komplexität ist wiederum die Option, besser zu werden. Besser und anders bieten Unternehmen eine Zukunft. In der Koppelung liegt wiederum die Chance, die Gesellschaft besser zu machen. Es ist ein Spiel vieler Möglichkeiten, Ideen, Produkte und Sinnstiftungen. Wirtschaft ist unendlich komplex, in der es keine Blaupausen und fixe Abläufe gibt. Es ist womöglich nur der Versuch, jeden Tag das eben skizzierte Framework neu, anders und besser auszugestalten.

So, jetzt bitte alle einsteigen! Leinen los! Auf jedem Ponton warten ungewöhnlich viele Werkzeuge, Methoden, Trends und Akteure auf Sie.

Leitbegriffe in diesem Kapitel:

- Kontingenz
- Sinn
- Verantwortung
- Werte

Glossar auf S. 190

DIE PONTON-WELT

Sieben Pontons erwarten die Macher:innen,
Entscheider:innen und Führungskräfte. In der Mitte steht
ein Leuchtturm, der als Orientierungsfeuer den Schiffen
die Wege weist. Er strahlt in drei Richtungen aus:
Individuum, Organisation und Umwelt.

ORIENTIERUNG & SELBST– STEUERUNG

Willkommen. Der Wandel in Wirtschaft und Gesellschaft erfordert ständige Selbstvergewisserung und eine darauf bezogene Veränderungsmotorik.

Transformationsenergien integrieren. Neue Aufladungen und Eigenlogiken managen. Interne Kommunikationen verbessern. Transparenz schaffen. Auf diesem Ponton erfahren Sie mehr über die wichtigen Kooperations- und Steuerungstechniken.

Zwei Unternehmen erzählen, wie sie ihren Purpose überprüft und ein Zukunftsbild erstellt haben. Abschließend dann zwölf grundsätzliche Deep-Outs als Inspirationsquellen. Zum Mitnehmen.

Dock-In

Dock-In 1: Change vergessen

In einem mittelständischen Unternehmen herrscht große Verwirrung. Die Führungskräfte sind in einem Change-Prozess stark mit sich selbst beschäftigt, sodass die interne Kommunikation über die anstehenden Veränderungen auf der Strecke bleibt. Die Mitarbeitenden wiederum glauben, dass da etwas über sie hinwegrollt. Manche verhalten sich neutral abwartend, etliche gehen in die innere Kündigung, andere in den äußeren Widerstand, und wieder andere verlassen das Unternehmen. Wie konstruieren wir ein gemeinsames Verständnis von Realität, und wo bleibt die Kundschaft?

Dock-In 2: Kennzahlen dominieren

Aufgrund der Coronapandemie kommt es vielerorts in Unternehmen zu einer Reaktivierung von Kennzahlen im Management. Vor allem in Vertrieb und Marketing. Die Kennzahlen reichen vom Auftragseingang über die Außendienst-Profitabilität bis hin zum Sales Mix. Brauchen Menschen Steuerung über Kennzahlen, oder kann man ihre Kraft zur wirkungsvollen Zusammenarbeit anders entfesseln?

Dock-In 3: Einfluss verlieren

Im Führungskräfte-Circle, den die Geschäftsführerin wöchentlich einberuft, taucht plötzlich ein Strategieberater auf. Auf einem Chart sind folgende Fragen zu lesen: Wozu gibt es uns? Wozu stehen wir jeden Morgen auf? Wozu wollen wir unseren Marktanteil erhöhen? Wozu wollen wir besser sein als die Konkurrenz? Führungskräfte, so der Coach, werden nicht zu Sinnstiftenden, indem sie Budgets planen, Anordnungen geben oder Mission Statements in die Welt setzen. Es geht vielmehr darum, wie alle Mitarbeitenden zu allen Zeiten handeln. Wie kann man auf diese Menschen Einfluss nehmen?

Dock-In 4: Gute Arbeit bereitstellen

Was ist gute Arbeit? Die Balance zwischen Selbstbestimmung und sozialer Beziehungsqualität. Einerseits also Verantwortung im Beruf zu übernehmen, sich einzumischen, Haltung zu bewahren und sich nicht zu verbiegen. Andererseits die Arbeit selbst für in sich stimmig zu halten. Kann man gute Arbeit und Alignment von oben verordnen?

Dock-In 5: Vertrauen beginnt bei jedem selbst

Eine Verlagsgruppe mit vormals zentralem Firmensitz verändert sich in eine dezentrale Netzwerkorganisation. Viele Mitarbeitende arbeiten im Homeoffice und/oder von ganz verschiedenen Städten aus. Die individuelle Selbststeuerung erfordert eine Vertrauenskultur in der gesamten Organisation. Wie kann man sicherstellen, dass alle die notwendige Selbststeuerung beherrschen?

Dock-In 6: Wachsam sein

Komplexe Systeme wie Unternehmen können intellektuell nicht aus sich heraus verstanden werden. Die Aufgabe der Führungskräfte besteht vielmehr darin, stets wachsam zu sein und die Umgebung auf die kleinen Signale hin zu überprüfen, welche große Umwälzungen ankündigen. Wie kann die Kernideologie eines Unternehmens mit den täglichen Veränderungen im Großen gematcht werden?

Dock-In 7: Selbst entscheiden

Ein Streamingdienst für klassische Musik versteht sich als fluide Organisation. Kund:innen sollen hören, was sie wollen, wann sie wollen, wo sie wollen, womit sie wollen und soviel sie wollen. Diese Mission prägt den Spirit des Unternehmens. Und alle Mitarbeitenden sollen völlig frei sein, aber im Sinne des Unternehmens agieren – was das bedeutet, müssen sie selbst entscheiden. Kann man eigentlich in Unternehmen ohne Vorgaben leben und arbeiten?

Dock-In 8: Leistung definieren

In ökonomisch geprägten Institutionen ist Performance Management das zentrale soziale Interaktionsverfahren, das die Beziehung zwischen den drei Systemebenen Umwelt, Organisation und Individuum sowie deren jeweilige Wertbeitragsver-

43

antwortung klärt. Wie definiert ein Unternehmen den Begriff der Leistung und gestaltet den dazugehörigen Prozess für sich?

Auf diesem Ponton erkunden wir drei Resonanzräume: »Sinn und Purpose«, »Strategie« sowie »Performance Management«. Im Kern geht es darum, welche Form der Orientierung wir benötigen, um uns gut (selbst) zu steuern, beziehungsweise wie wir uns jene verschaffen? Orientierung meint deshalb zweierlei: einmal das Verhältnis der einzelnen Mitarbeitenden zu den vielen Kolleg:innen und Co-Akteur:innen – also das Wechselspiel aus Vorgaben und (Selbst-)Steuerung. Und zweitens die Orientierung von Unternehmen, was Zukunft ist beziehungsweise welche Zukunftsbilder für das eigene Human Business Design herangezogen werden können – also die Integration von Begehrtem in Bewährtes.

Es liegt im Wesen von Zukunft, dass sie einerseits unbekannt ist und nicht vorweggenommen werden kann; andererseits ist sie ein Spiegel möglicher Entwürfe, Aktionen und Erwartungen und somit expliziter Gestaltungsauftrag. Wir befinden uns daher in einem ausgeprägten Spannungsfeld aus Alt und Neu, in dem sowohl die Organisation als auch das Individuum neue Spielräume von Selbststeuerung entdecken können. Oder anders ausgedrückt: das Neue wagen und gleichzeitig das Bestehende würdigen können.

Human Business Designer gestalten den Brückenschlag über alle drei Ebenen von Orientierung:

- Sinn und Purpose als Fundament beziehungsweise Rahmen
  – Makroebene;
- Strategiehaus (Vision, Mission, Mittel- / Kurzfrist-Ziele, Key Performance Indicators etc.) als Mittler zwischen Zukunft und Gegenwart – Mesoebene;
- Performance Management als System / Motor für eine Lernende Organisation
  – Mikroebene.

Neues wagen
• Die Zukunft gestalten.
• Gewohnte Muster brechen.
• Flexibilität erhöhen.
• Mutig ins Ungewisse schreiten.

Brückenschlag
Veränderung zwischen heutiger
und zukünftiger Arbeitswelt

Brückenschlag
• Das System dehnen.
• Allen ermöglichen, mitzugehen.
• Möglichkeitsräume schaffen.
• Neugier anregen.
• Ausprobieren und Lernen fördern.
• Strategie und Vision leben.

Bewährtes nutzen
• Würdigen, was ist.
• Nutzen, was funktioniert.
• Verbundenheit stärken.
• Sicherheit geben.

45

**Resonanzraum
Sinn und
Purpose**

Die Resonanzräume werden unterschiedlich intensiv betrachtet. Einmal als Long Version, dann als Short Version und schließlich als Short Cut. In der Long Version des Resonanzraums »Sinn und Purpose« werden Fundament und Rahmen des Unternehmens auf der Makroebene untersucht.

Zunächst wollen wir unterscheiden: Der Zweck eines Unternehmens bezieht sich auf den wirtschaftlichen Erfolg, es geht um Gewinn, Wachstum und Profit. Sinn dagegen geht dem Warum auf den Grund, fragt nach dem Wozu einer Existenzberechtigung oder warum das Unternehmen überhaupt da ist. Hier geht es um andere Fragen: Was leistet das Unternehmen für die Gesellschaft? Wofür brauchen wir es? Was ist das Besondere, was ist das Einzigartige? Der Philosoph Ernst Tugendhat spricht diesbezüglich vom »Endzweck«, einer Art letztem Grund, der alle Mittel und Zwecke umfasst, vergleichbar mit dem letzten Warum. Der Endzweck eines Unternehmens wäre theoretisch die Bewältigung jedweder Komplexität, die das Unternehmen umgibt. Praktisch ist das nie erreichbar, weder mit Effizienz noch mit Sinnstiftung.

66 Neues Denken beginnt mit dem Achselzucken als Antwort auf das vorläufig letzte ›Warum?‹ zu einer Erläuterung am Anfang einer Change-Notwendigkeit. Mit der Suche nach diesem vorläufig letzten Grund beginnt echte Orientierung als Voraussetzung der Selbststeuerung eines Teams auf ein wesentliches, neues Ziel hin. Alle Antworten davor verweisen auf – hoffentlich – wichtige zielorientierte Routinen des Alltags. Die wesentliche Determinante aller vorletzten ›Warum?‹ ist der Kunde. Ohne diese läuft jedes Team Gefahr, der Selbstverwirklichung anheimzufallen und damit der Selbstverwirrlichung, also dem absoluten Gegenteil der Selbststeuerung. **99**
Wolfgang Matz, Vorstand der KKH

Der Unternehmensphilosoph Dominik Veken setzt dieses neue Warum mit beiden in Beziehung, das Perpetuum mobile der Sinnsuche mit dem bisher vorherrschenden Maschinenbild eines

Unternehmens. Eine Maschine kann sich keine Gefühle leisten. Sie braucht keinen Sinn, sondern folgt der Logik der Effizienz: Wie lässt sich jede Art von Verschwendung im Maschinenraum reduzieren? Veken ergänzt: »Der rasante Wandel durch die digitale Transformation lässt sich nicht mit Maschinendenken lösen. Dieses Denken ist mit einer fluiden Umwelt überfordert, es ist zu langsam, zu starr, klebt zu sehr am Effizienzdenken fest. Kurz, es erzeugt nicht genug Kreativität, um dem Wandel standzuhalten. Ich bin überzeugt, dass wir Unternehmen nicht mehr als Organisationen begreifen, sondern als Bewegung sehen sollten: Als etwas, das sich ständig verändert und zur Orientierung Sinn braucht.«

In der Systemtheorie von Niklas Luhmann wird diese Verbindung von Mensch und Organisation noch grundsätzlicher betrachtet. Demnach brauchen Organisationen Menschen vor allem deshalb, weil nur Mitarbeitende wertvolle Wahrnehmungen, Handlungen und ihr Gedächtnis zur Verfügung stellen können. Organisationen können nicht riechen, schmecken, denken, sich selbst beobachten oder sich ohne menschliche Hilfe erinnern. Sie brauchen Menschen, um kommunikativ zu überleben. Was wiederum voraussetzt, dass der Mensch wirksam werden darf, besser gesagt: selbstwirksam. Um aber (selbst)wirksam sein zu können, muss er/sie a) Entscheidungen treffen dürfen. Diese sind angelehnt an langfristige Entscheidungsprämissen, sprich: die Grundlagen für spätere Entscheidungen. Beispiele für Entscheidungsprämissen sind unter anderem Budgetierungsprozesse, Geschäftsfeld- oder Markenstrategien oder die Bestellung neuer Manager:innen. Menschen tragen bestimmte Sichtweisen, Einstellungen und Werte in die Organisation, die nachfolgende Entscheidungen beeinflussen. Und Sinn stiften. Deshalb ist Purpose auch ein ideales Werkzeug zur Komplexitätsbewältigung.

Die Grundlage b), um wirksam Komplexität bewältigen zu können, betrifft unter anderem aber auch die Motivation jedes einzelnen Mitarbeitenden. Daniel Pink hat sich stellvertretend für viele Managementautor:innen mit der Evolution der Motivation näher beschäftigt und herausgefunden, dass diese auf der Anerkennung dreier angeborener psychologischer Grundbedürfnisse beruhe: Kompetenz, Selbstbestimmtheit und Verbundenheit. »Menschen besitzen einen angeborenen, inneren Trieb, eigenständig, selbstbestimmt und miteinander verbunden zu sein.« Douglas McGregor, Managementprofessor am Massachusetts Institute of Technology, hatte zuvor bereits gezeigt, wie verbreitet der Irrglaube sei, dass Menschen nicht gerne arbeiten, sich vor Verantwortung drücken würden und daher gezwungen, angewiesen, kontrolliert und mit Bestrafung bedroht werden müssten, um zu mehr Leistung motiviert zu werden. Dieses Modell nannte er »Theorie X« und kontrastierte es mit einem zweiten Modell, der »Theorie Y«: Dieser Sichtweise zufolge besitzen Menschen ein natürliches Interesse an der Arbeit, sind kreativ, einfallsreich und unter passenden Bedingungen durchaus bereit, Verantwortung zu übernehmen.

Wie aber können wir unsere Arbeit für in sich stimmig halten? Anders gesagt, eine Harmonie von Arbeitsinhalt und Umwelt herstellen? Stichwort: Alignment. Der Begriff schlägt eine Brücke von der individuellen Arbeitswelt zur Gesellschaft und zu kulturellen Werten. Alignment ist die andere Seite des Flow. Was Flow auf der individuellen Ebene ist, ist Alignment auf der kollektiven. »Einem Beruf geht es dann am besten, wenn die Werte der Kultur mit denen des Fachgebiets in Einklang stehen, wenn die Erwartungen der verschiedenen Interessengruppen denen des Berufsfeldes entsprechen und wenn Fachgebiet und Berufsfeld miteinander harmonieren. Wenn diese Bedingungen erfüllt sind, dann haben die einzelnen Beteiligten freie Hand, optimal zu arbeiten; die Arbeitsmoral ist hoch, und der Berufsstand blüht«, schreiben Mihály Csíkszentmihályi und Howard Gardner.

Fallbeispiel: Stabiler Purpose

Ausgangsposition
Ein globales Industrieunternehmen durchläuft weitreichende Veränderungen. Neue Marktanforderungen erfordern eine Bündelung der Innovationskraft und eine Weiterentwicklung der Produktlandschaft. Organisationsbereiche werden neu zuge-

schnitten. Das Führungskarussell dreht sich. In all der Dynamik des Wandels richtet sich das Augenmerk auf das erdende Fundament eines Purpose. Wie ist es um das Sinnangebot des Unternehmens bestellt? Muss der Purpose auch verändert werden? Oder darf er beziehungsweise muss er sogar stabil bleiben?

Wie tun wir das?

In einem mehrstufigen Beteiligungsprozess über alle Organisationsebenen bestätigt sich die Erkenntnis von Collins & Porras: »Purpose (which should last at least 100 years) should not be confused with specific goals or business strategies (which should change many times in 100 years).« Um die Erkenntnis erfahrbar zu gestalten, kombiniert das Projektvorgehen analytisch-/deduktive mit eher emotional-/induktiven Interventionen.

Zu Beginn erfolgt ein virtueller Aufruf an alle Mitarbeitenden, ihre Erfahrungen im Umgang mit den Veränderungen in den letzten Monaten zu teilen und konkrete Beispiele für Sinnerleben zu nennen. Gesucht wird in dieser Understand-Phase des HBD-Prozesses nach spezifischen Situationen und Fallbeispielen, in denen die bisherigen Aussagen zum Unternehmenspurpose bei der Bewältigung der Change-Herausforderungen Orientierung gegeben haben – oder eben auch nicht.

Die so gewonnene Informationsmenge wird sortiert und nach Mustern analysiert. Wiederkehrende Situationsbeispiele werden gruppiert und im Hinblick auf das konkrete Sinnerleben ausgewertet. Daraus entsteht eine kleine Anzahl an zusätzlichen Begriffen rund um die bisherigen Purpose-Aussagen.

Eine repräsentative Auswahl an Mitgliedern des Topmanagements setzt sich in der Ideate-Phase auf emotional-intensive Weise mit dieser Begriffsmenge auseinander. Sie stellen eine Playlist mit Musikstücken zusammen, die sie mit den einzelnen Begriffen verbinden, und hören dem Sound des Purpose zu. Sie denken sich Kochrezepte aus, kreieren Menüs und schmecken auf diese Weise den Unternehmenspurpose. Sie stellen Bewegungsprogramme für Körper und Geist zusammen und gehen somit in direkten Kontakt zu dem Purpose. Die Liste an neuen Purpose-Begriffen wird gestrafft. Einzelne Begriffe stehen stärker im Zentrum; andere oszillieren an die Ränder des Sinnraums.

Eine weitere Arbeitsgruppe bestehend aus Mitgliedern des mittleren Managements setzt hier an und verprobt die Begriffsmenge im Hinblick auf kritische Geschäftssituationen (*critical incidents* oder *moments that matter*). Welche Orientierungswirkung geht von den neuen Begriffen aus? Wie stehen sie in Bezug zu den bisherigen Purpose-Aussagen? Fehlt etwas?

Die so entstandenen Verfeinerungen werden einer Auswahl weiterer Mitarbeitender vorgestellt, um deren Feedback einzuholen. Das Bild wird immer schärfer, und die Erkenntnis macht sich für alle breit, dass die Grundaussagen des »alten« Purpose Bestand haben – trotz aller Veränderungsdynamik im Geschäft. Gleichzeitig ergeben sich neue Akzente, die insbesondere eine Integration regionaler, kultureller Unterschiede leichter ermöglichen.

In einer letzten Runde kommt das Topmanagement erneut zusammen und trifft die finale Entscheidung über Begriffsauswahl beziehungsweise Purpose Statement sowie die Geschichte, die sich das Unternehmen damit selbst erzählt. Dazu werden starke Visualisierungen gestaltet, um eine eindrucksvolle Kombination aus Worten und Bildern zu schaffen – die Grundlage für eine umfassende Kommunikationskampagne.

**Resonanzraum:
Strategie**

In der Short Version des Resonanzraums »Strategie« erfahren Unternehmen, wie sie sich und ihre Umwelt gestalten wollen. Strategie ergibt sich aus einem integrierten Set an Entscheidungen in Bezug auf Ambitionen und organisationale Fähigkeiten, die ein Unternehmen einzigartig in seinem Markt positioniert.

Strategie ist weniger eine Liste an Zielen, sondern vielmehr die Geschichte, die von den bedürfnisorientierten Ambitionen und genuinen Ressourcen einer Organisation erzählt. Strategie schafft eine gemeinsame Orientierung und eine innere Handlungslogik. Oder frei gemäß Vekens Organisationsverständnis übersetzt: Es geht um Geschmeidigkeit im Bewegungsablauf. Ziel ist es, nachhaltige Vorteile und einen höheren Wert im Vergleich zu anderen Marktteilnehmer:innen zu schaffen. Lafley & Martin definieren deshalb ganz schlank: »Strategie trifft die richtigen Entscheidungen, um am Markt zu gewinnen.«

Die Operationalisierung des Strategieverständnisses erfolgt, wie wir auf Seite 52 sehen, bedarfsgerecht und evolutionär. Im Strategiediskurs beantworten wir die gleichen drei Grundfragen, die für alle Muster der Orientierung und (Selbst-)Steuerung gelten:

- Welche Interaktionen wünschen wir uns miteinander?
- Welche Informationen tauschen wir miteinander aus?
- Welche Infrastruktur und Artefakte benötigen wir dafür?

Fallbeispiel: Strategie-Diskurs

Ausgangsposition

Ein Geschäftsbereich eines Versorgungsunternehmens hat sich auf eine Reise gemacht, deren Ausgangspunkt die Gegenwart darstellt. Gegenwart als Summe all dessen verstanden, was sich in der Vergangenheit bewährt hat und was als Stärken der Organisationseinheit im Jetzt betrachtet werden kann. Dieses Bewährte, diese Stärken gilt es, sich aktiv bewusst zu machen, um immer wieder Kraft aus ihnen für die anspruchsvolle Reise in die Zukunft zu schöpfen. Am Zielort warten dafür das Begehrte und die organisationalen Fähigkeiten. Das Begehrte spiegelt sich in den strategischen Ambitionen wider.

Wie tun wir das?

Es ist hilfreich für die Kommunikation, das Begehrte reichhaltig in quantitativer als auch qualitativer Form zu beschreiben, um zu einem tatsächlich lebendigen und erstrebenswerten Zukunftsbild zu gelangen, was durch die Methode des Storytelling mit allen Kund:innen, Mitarbeitende und Partner:innen ausgetauscht und geteilt wird. Der Anspruch lautet nicht geringer, als sich eine lebendige Geschichte der Zukunft zu erzählen, die

**Welche Managementsysteme
sind erforderlich?**
Die Supportsysteme:
• Systeme, Strukturen und Maßnahmen, die hinter unseren Entscheidungen stehen müssen.

Der Strategie-Diskurs:
ein agiler Prozess der Strategie-
entwicklung, -umsetzung und
-anpassung

**Welche Fähigkeiten
müssen vorhanden sein?**
Die für den Erfolg erforder-
lichen Fähigkeiten:
• Unsere sich selbst verstärken-
den Aktivitäten.
• Unsere spezifische
Konfiguration.

Wie werden wir gewinnen?
Die entscheidenden Kriterien
für den Erfolg:
• Unser Wertversprechen.
• Unser Wettbewerbsvorteil.

Wo werden wir spielen?
Das richtige Spielfeld:
• Wo werden wir konkurrieren: unsere
geografischen Schwerpunkte, Produkt-
kategorien, Verbrauchersegmente,
Kanäle, vertikale Produktionsstufen.

Was ist unser Erfolgsziel?
Der Zweck des Unternehmens:
• Unsere führenden Zielsetzungen.

Sehnsucht erzeugt und Aufbruchbereitschaft weckt. Diese Geschichte gewinnt zusätzlich an Klarheit und Prägnanz, indem sie eine griffige Beschreibung der organisationalen Fähigkeiten beinhaltet (vgl. Ponton »Ressourcen & Fähigkeiten«). Zur Ausprägung organisationaler Fähigkeiten sind einerseits die verschiedenen Handelnden einer Organisation wichtig, andererseits das Zusammenspiel dieser Handelnden im Kontext der einzelnen Pontons des Human Business Design.

Daher stellt das Designteam für das Strategieentwicklungs- und -umsetzungsprogramm sicher, dass aus den klar formulierten strategischen Ambitionen die notwendigen organisationalen Fähigkeiten abgeleitet werden, um diese wiederum auf die erforderliche Weiterentwicklung der Ponton-Gegenstände hin zu untersuchen. Diese (Weiter-)Entwicklungen beziehungsweise

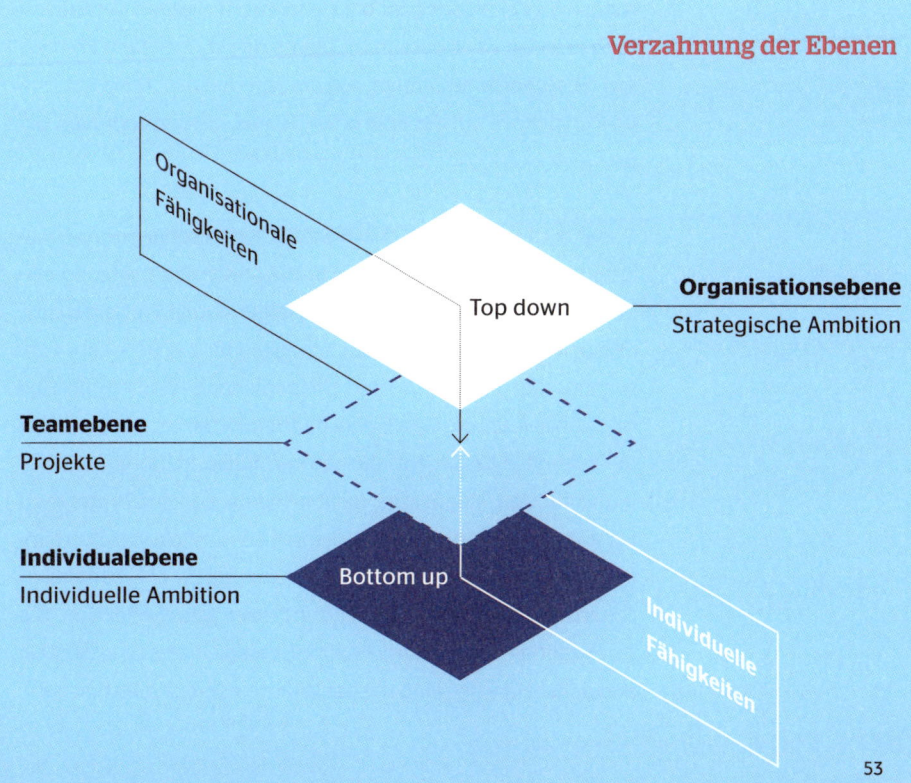

Verzahnung der Ebenen

Organisationale Fähigkeiten

Top down

Organisationsebene
Strategische Ambition

Teamebene
Projekte

Individualebene
Individuelle Ambition

Bottom up

Individuelle Fähigkeiten

Ausprägungen der Pontons stellen den eigentlichen Fokus der verschiedenen Strategieprojekte dar. Für deren Orchestrierung wird auf Programmebene ein hybrides Vorgehensmodell gewählt, das im Kapitel Prozesse & Methoden beschrieben ist.

Für die Programmverantwortlichen ist es unabdingbar, eine durchgehende Verzahnung aller Aktivitäten zur Strategieumsetzung über alle drei Systemebenen eines Wirtschaftsbetriebs zu gewährleisten. Das Hybride Vorgehensmodell ist dazu in besonderer Weise geeignet. Zum einen bietet es die Option, im Sinne einer klassischen Strategieumsetzungskaskade strategische Ambitionen, die auf Organisationsebene formuliert werden, top down in organisationale Fähigkeiten, Veränderungsstellhebel und entsprechende Strategieprojekte zu übersetzen, die auf Teamebene bearbeitet und umgesetzt werden. Andererseits sind alle Mitarbeitenden (Individuumsebene) eingeladen, bottom-up die Initiative zu ergreifen, ihre individuellen Fähigkeiten auszubauen sowie Ideen für die Weiterentwicklung der Veränderungshebel einzubringen, die sie in ihrem eigenen Verantwortungsbereich oder dem ihrer Teams direkt umsetzen können. Auf diese Weise verzahnen sich die Top-down- und die Bottom-up-Perspektive auf der Ebene der Teams, die den zentralen Ort der Veränderungsbewegung darstellen.

Damit die Teams diese Scharnierfunktion ausüben und die Mitarbeitenden sich eigeninitiativ in die Strategieumsetzung einbringen können, werden sowohl zielgerichtete Partizipations- als auch Kommunikationsmöglichkeiten für alle Beteiligten geschaffen. Mit anderen Worten: Die begleitende Kommunikation ist essenziell, um die Geschichte des Begehrten beziehungsweise der Zukunft in die Organisation zu vermitteln. Mithin ist die Kommunikationsstrategie auch nicht losgelöst von der Strategie zu verstehen. Vielmehr sind beide Aspekte eng miteinander verbunden und bauen aufeinander auf. Gleiches gilt für eine kontinuierliche und partizipative Einbindung aller Mitarbeitenden, die einen zentralen Erfolgsfaktor für die Strategieumsetzung darstellt und daher Hand in Hand mit der internen Kommunikation geht.

Daher ist es nur folgerichtig, dass auch auf der Teamebene die Mitarbeitenden in besonderer Weise sowohl informiert als auch eingebunden werden. Das Strategy Monitoring Board, das bei vielen Unternehmen häufig nur für das Topmanagement zugänglich ist, wird daher explizit auch den Teamleitenden zur Verfügung gestellt. Hier erhalten sie einen Überblick über die qualitativen und quantitativen Entwicklungen der einzelnen Handlungsfelder und Projekte.

Sie nutzen dies jedoch nicht nur für die eigene Information, sondern vor allem für den Austausch mit ihren Mitarbeitenden in den Teamleitenden-Runden – entweder in der virtuellen Variante oder in ausgedruckter Form als Kommunikationsposter. Gemeinsam wird diskutiert, inwiefern die einzelnen Maßnahmen und Initiativen für den eigenen Verantwortungsbereich relevant sind. Darüber hinaus wird dieser Rahmen genutzt, um eigene Initiativen und Maßnahmen vorzuschlagen und in das Programm einzubringen. Dies ermöglicht eine Balance zwischen Top-down-Input durch den vorgegebenen Rahmen der Handlungsfelder beziehungsweise der zugehörigen Strategieprojekte und Bottom-up-Input durch Eigeninitiative der Mitarbeitenden und ihre Möglichkeit, direkt Einfluss auf die Strategieumsetzung zu nehmen. Durch die bereichsweite Transparenz des Strategy Monitoring Boards ergeben sich außerdem zusätzliche Möglichkeiten für eine horizontale Vernetzung von Projekten und Teams quer zur Organisation.

Resonanzraum: Performance Management

Im Short Cut des Resonanzraums »Performance Management« geht es um die Leistung von Mensch und Organisation.

Auf dieser Mikroebene der Orientierung beschäftigen wir uns mit dem Leistungsbegriff an sich, wenn wir die Frage beantworten, wie Organisationen ihre strategischen Ambitionen in konkrete Ziele und praktisches Verhalten übersetzen. Mithilfe von Performance Management-Systemen, die die Grundmuster unternehmerischen Handelns widerspiegeln (zum Beispiel aktive Verantwortungsübernahme, Leistungs- und Lernbereitschaft etc.), erhalten die betrieblichen Akteure und Akteurinnen einen Handlungsrahmen, der ihr inneres Zusammenwirken orchestriert und ihre gemeinsame Ergebnisleistung mehr als nur summarisch vergrößert. Wobei der Fokus hierbei – entgegen der landläufigen Meinung – nicht nur auf Zielen liegt, was einen rein intra- wie interpersonellen Zielfokus bedeuten würde. Vielmehr achten wir auch auf die Balance mit der Kernideologie eines Unternehmens, sprich: Es geht um die kulturelle Anreicherung eines ansonsten rein zielorientierten Performance Managements. Anders ausgedrückt: Früher galt der Spruch, »Culture eats strategy for breakfast«, was eine ODER-Beziehung darstellt. Heute sagen wir: »Culture and strategy make for a healthy nutrition / meal«, und akzentuieren damit die UND-Beziehung.

Kurzimpulse

- Howard Gardner, Mihály Csíkszentmihályi, William Damon:
  Good Work! Für eine neue Ethik im Beruf.
  Grundlegendes Plädoyer für einen anständigen Beruf,
  eine anständige Lebensweise und ein anständiges Leben.
  Dreiklang des Alignment.
- James C. Collins, Jerry I. Porras:
  Built to last. Successful habits of visionary companies.
  Untersucht die tiefgründigen Ursachen für langfristigen
  Unternehmenserfolg.
- Daniel Pink: *Drive*.
  Der Wissenschaftsjournalist beschreibt die drei Elemente
  der wirklichen Motivation – Selbstbestimmung, Perfektionierung und Sinnerfüllung.
- Raphael Gielgen: »Wir werden uns verabreden, wenn wir
  zur Arbeit gehen«.
  Der Trendscout von Vitra reist ständig durch die Welt, um
  das Büro der Zukunft zu finden. (www.zeit.de/zeit-spezial/
  2021/01/raphael-gielgen-vitra-trendscout-virtuelles-buero-
  zukunft)

- Robert J. Shiller: *Narrative Wirtschaft*.
  Erzählt die Geschichte, wie Narrative das Verhalten von
  Menschen in Wirtschaft und Gesellschaft beeinflussen.
- Peter Felixberger: »Arbeit weiter denken. Was bedeutet
  zukunftsfähige Arbeit?« Ein Essay.
  Wenn man schon die Hälfte seiner Wach-Lebenszeit
  arbeitend verbringt, dann darf sie ruhig erfüllend und
  glücksbringend sein. (In: changeX, Archiv).
- Zukunftsinstitut: »Megatrend-Map«.
  Zeigt die zwölf zentralen Megatrends unserer Zeit, die als
  die größten Treiber des Wandels in Wirtschaft und Gesellschaft unsere Zukunft prägen. (https://www.zukunftsinstitut.
  de/fileadmin/user_upload/Megatrend_Doku/MT_Maps_und_
  Grafiken/Megatrend-Doku-2021-Megatrend-Map-Web.pdf)

Im Deep-Out zu »Orientierung & Selbststeuerung« erhalten wir
die konzentrierte Zusammenfassung zur weiteren Verwendung
auf den Weltmeeren. Wir wollen Ihnen hier weitere Inspirationsquellen und Orientierungsperspektiven anbieten. Zwölf stabile
Erkenntnisse aus der Praxis.

Deep-Out

Deep-Out 1: Sinn und Zweck stiften

Unternehmen sind soziale Organisationen, keine hierarchischen
Maschinen. Grundlegend ist die Bedeutung von Lernprozessen.
Nur nachhaltige Strategien, die sich an den Bedürfnissen von
Mensch und Natur orientieren, führen zum Erfolg. Sinn und
Zweck sind kein Tool, keine Erfolgsformel, sondern etwas, das
in der DNA des Unternehmens angelegt ist. Orientierung heißt,
sich klar über den Sinn und Zweck eines Unternehmens zu wer-
den. Es ist die Grundlage, damit es wachsen kann.

Deep-Out 2: Nordstern finden

Unternehmen streben nach Sinn. Er ist der Leitstern am Hori-
zont. Man richtet sich nach ihm, ohne ihn je ganz zu erreichen.
Purpose reguliert aber auch den täglichen Wandel. Eine unendliche Geschichte, die nie endet, selbst wenn man der Sinnerfüllung noch so nahe kommt.

Deep-Out 3: Vision entdecken

Sinn und Werte können in einer Organisation nicht von oben installiert werden. Die Menschen entscheiden selbst darüber, ob sie diese teilen wollen. Von unten. Eine wirkungsvolle Vision ist der Grund, warum jeder Mensch seinen Beitrag im Unternehmen leistet. Sie fördert das Durchhaltevermögen, wenn die Belastung zu hoch ist, und motiviert zum Aufbau von Interaktion, Information und Infrastruktur.

Deep-Out 4: Richtig managen

Strategie und Sinn sind neben Stabilität und Effektivität die zentralen Begriffe modernen Managements. Manager:innen werden zur Leitfigur für Ideen, Konzeption und Realisierung von Management als Schlüssel zum Erfolg. Nur wer sich und seine Organisation richtig managen kann, so die Denkfigur, wird erfolgreich sein. Management ist demzufolge erlernbar. Im Zentrum allen Managements steht nicht nur die Effektivität der Arbeit oder das Erzielen wirksamer Ergebnisse, sondern auch die Balance zwischen Kernideologie (Sinn, Werte, Verantwortung) und konkreter Veränderungsarbeit.

Deep-Out 5: Beziehung im Mittelpunkt

Sinn und Werte differenzieren die Mitarbeitenden untereinander und voneinander. Einige bis viele von ihnen identifizieren sich mit dem Purpose-Angebot des Unternehmens, andere nicht. Ein lebendiges Erleben von Sinn und gemeinsamen Werten ist allerdings nicht immer sichergestellt. Daher gilt es, den Beziehungsstatus zwischen Mitarbeitenden und Firma ständig im Auge zu behalten und gegebenenfalls zu ändern.

Deep-Out 6: Zwei Seiten der Managementmedaille

Ähnlich wie Lehrer:innen einerseits als Vermittler:innen von Wissen im Sinne von Fakten, Konzepten, Regeln etc. und gleichzeitig als Moderator:innen von generativen Wissensprozessen fungieren, existiert diese bimodale Anforderung auch für Manager:innen: situativ Entscheidungen treffen, Aufgaben delegieren, Umsetzungen monitoren und Abweichungen sanktionieren stehen auf der Vorderseite; Prozesse des Aushandelns initiieren und moderieren, Umweltveränderungen sinnbezogen interpretieren und Menschen zur Reflexion anregen auf der Rückseite der Managementmedaille.

Deep-Out 7: Purpose entdecken

Ein Purpose kann analytisch-deduktiv oder emotional-induktiv herausgeschält werden. Er wird aber nicht erschaffen. Genauso wenig, wie Werte vorgegeben werden. Beides gilt es zu entdecken. Collins und Porras schreiben: »Core values and purpose must be passionately-held on a gut level or they are not core. Values you think the organization ›ought‹ to have, but that you cannot honestly say that it does have, should *not* be mixed into the authentic core values.«

Deep-Out 8: Essenz

Purpose-Projekte fokussieren gerne auf die Erstellung von sexy Werbeslogans. So wie man sich in Strategieworkshops oder Performance Management-Gesprächen in Zahlenkonvoluten und Ampelfarben verliert. Dabei besteht der Wert dieser Orientierungsmuster selten in griffigen Statements oder blinkenden Dashboards. Vielmehr geht es um die Essenz ihrer Inhalte sowie die Authentizität, Disziplin und Konsistenz, mit denen diese Essenz tagtäglich gelebt und erfahren wird. Daher können auch zwei ganz unterschiedliche Unternehmen einen identischen Purpose oder das gleiche Strategieziel verfolgen. Die Gitarre von Keith Richards in der Hand bedeutet noch lange nicht zu spielen wie ein Rolling Stone.

Deep-Out 9: Beiderseitige Gewinnbeziehung

Performance Management repliziert das marktwirtschaftliche Prinzip in das Unternehmen und damit die Grundform unserer Wirtschaftsordnung. Es beschreibt das Marktaustauschprinzip zwischen Individuum (einzelne Mitarbeitende / Ich-AG) als Anbieter des persönlichen Humankapitals und der Institution als Nachfragerin dieser Leistung, sowie umgekehrt der Institution als Anbieterin guter Arbeit und dem Individuum als Nachfrager.

Performance Management beschreibt damit im Sinne eines B2B-Modells das Wertaustauschverhältnis auf Augenhöhe zwischen Wirtschaftspartner:innen.

Deep-Out 10: Gestalten und führen

Mithin konkretisiert sich Performance Management in Unternehmen an der Nahtstelle von Strategiemanagement und Talentmanagement. Es ist zuallererst eine systemische Gestaltungs- und Führungsaufgabe, die in der Regel als systematisches Verfahren gelebt wird. Ziel ist die fortwährende organisationale wie individuelle Potenzialentfaltung und Leistungsrealisierung. Für Institutionen in dynamischen Umwelten stellt es tatsächlich einen Kernprozess dar, weil es Strategizing mit Execution und Learning als einen Kreislauf integriert und damit einen zentralen Wertschöpfungsmechanismus abbildet.

Deep-Out 11: Der dritte Antrieb

1949 startete der Psychologieprofessor Harry F. Harlow zusammen mit seinem Team ein Lernexperiment mit Rhesusaffen. Die Tiere wurden mit einer Art von Intelligenzspiel konfrontiert: ein kleines Brett, auf dem ein Scharnier montiert war, das sich öffnen ließ, wenn man einen Stift zog und einen Haken löste. Das Team legte die Vorrichtungen in die Käfige und beobachtete, was passierte. Die Affen begannen mit den Brettchen zu spielen und fanden schnell heraus, wie die Vorrichtung funktionierte. »Das Lösen des Problems führte nicht zu Essen, Wasser oder sexueller Belohnung«, notierte Harlow. Der biologische Antrieb erklärte es nicht. Und auch der zweite der beiden Antriebe, die das Verhalten von Lebewesen steuern sollten, schlug fehl: Belohnung oder Bestrafung. Denn die Tiere waren sich ja selbst überlassen. Was konnte die Affen motiviert haben? Harlow entwickelte eine neue Theorie, die einen »dritten Antrieb« beschrieb: »Die Ausführung einer Aufgabe lieferte intrinsische Belohnung«, schrieb er; später sprach er von »intrinsischer Motivation«. Übrigens: Wenn die Affen zusätzlich etwas zum Essen als Belohnung bekamen, machten sie mehr Fehler und waren weniger erfolgreich. Seither wissen wir, dass es mehr als sichtbare Anreize für Säugetiere gibt.

Deep-Out 12: Ökonomie der Singularitäten

Leitbegriffe in
diesem Kapitel:

• Alignment
• Critical incidents
• Flow
• Mission Statement
• Moments that
  matter
• Performance
  Management
• Purpose
• Strategie(haus)
• Vision

Glossar auf S. 190

Der Kultursoziologe Andreas Reckwitz beschäftigt sich mit Singularisierung und Polarisierung in modernen Gesellschaften. Dieser tief greifende Strukturwandel in Richtung hoher Komplexität ist, so Reckwitz, wie folgt strukturiert: »Ein Aufstieg der Wissensökonomie und des kulturellen Kapitalismus auf Kosten der alten Industrien, sodass die ökonomischen Wachstumsbranchen die kulturellen und kognitiven Güter sind (daneben aber auch die sogenannten ›einfachen Dienstleistungen‹); die neue Technologie der Algorithmen, der Digitalität und des Internets, die ganz anders in der Alltagswelt wirkt als die alten mechanischen Techniken; eine sozialstrukturelle Polarisierung zwischen einer aufsteigenden, hoch qualifizierten neuen Mittelklasse und einer neuen Unter- und alten Mittelklasse, die sich in der sozialen und kulturellen Defensive befindet; ein Wertewandel hin zu individualistischen Selbstverwirklichungswerten; eine neue politische Konfliktlinie zwischen liberalem Kosmopolitismus und gemeinschaftsorientiertem Kommunitarismus.«

PRODUKTE & SERVICES

Willkommen. Der Wandel in Wirtschaft und Gesellschaft erfordert fortlaufend Produkt- und Service-innovationen und ein darauf bezogenes Ponton-Management.

Es geht immer darum, das Hier und Jetzt der Gegenwart mit der Zukunft zu verbinden. Aus dem Chaos eine Ordnung herzustellen. Aus der Planung eine Realität zu finden. Aus der Möglichkeit, dass alles immer auch anders sein könnte, das Eindeutige festzulegen.

Ein Unternehmen erzählt, warum Daten der neue Kristallisationspunkt in der Kund:innenbeziehung sind. Abschließend dann sieben grundsätzliche Deep-Outs als Inspirationsquellen. Zum Mitnehmen.

Dock-In

Dock-In 1: Komfortzone verlassen

Ein mittelständischer Maschinenbauer sitzt auf einer stabilen und etablierten Produkterfindung, mit der er seit vielen Jahren weltweit Kund:innen versorgt. Produktpiraterie in Asien kapert plötzlich und unerwartet den Weltmarkt mit Dumpingpreisen. Das Unternehmen ist gezwungen, das Produkt weiterzudenken und weiterzuentwickeln. In einem Innovationslab werden die Kräfte gebündelt. Wie kommt ein unternehmenseigenes Innovation Lab in Gang?

Dock-In 2: Beziehungsfähig werden

Die Vertriebsperformance bei einem Möbelhersteller ist schlichtweg zu schwach. Vor allem durch ein Angebot, das zu lange und zu stark aus der Sicht des Anbieters formuliert wurde. Das Unternehmen hat sich lange nur mit dem Wettbewerb und möglichen Differenzierungsfeldern beschäftigt statt mit den Kund:innen selbst und deren Erwartungen. Jetzt will man weg von linearen Strukturen, bürokratischen Verwaltungsaufgaben, erwartungsfremden Anbietersichten und den Fokus wieder auf agiles, kundenorientiertes Verhalten legen. Wie kann der Vertrieb wieder beziehungsfähiger werden?

Dock-In 3: Dem Verbraucher auf die Spur kommen

Die Verbraucher:innen sind ein Rätsel mit sieben Siegeln. Das betrifft vor allem die Wege, auf denen sie Produkte einkaufen. Die Customer Journeys sind mal online, dann offline, des Weiteren spontan und schließlich mit Bedenkzeit. Bisweilen kaufen sie über Partnerorganisationen, dann wieder beim Anbieter selbst. Sie vertrauen der Sachkenntnis eines Empfehlers oder einer Influencerin, ein anderes Mal den Versprechen geschickter Verkäufer:innen, am Ende erliegen sie sogar dem Sirenengesang kreischender Werbung. Wie kann man heterogene Kund:innenwünsche heute noch befriedigen?

Dock-In 4: Innovationsdilemma bekämpfen

Ein großer Medizinproduktehersteller steckt in der Zwickmühle. Der CEO beklagt im Aufsichtsrat die Innovationsschwäche des

Unternehmens und fordert größere Budgets für neue, visionäre Produktlinien. Das Dilemma: Produktinnovationen sind heutzutage paradox. Einerseits wird das Credo des Time-to-Market gepflegt. Innovationen sollen im Eiltempo marktreif werden. Andererseits regiert die Angst auf den Führungsetagen. Nur nicht zu viel Zukunft und Visionen. Jede originale Idee wird sofort einer Marktpotenzialanalyse unterzogen. Das Innovationscontrolling zerstört jeden kreativen Keim. Absicherungsstrategien und Zahlenbürokratie statt Kreativität und Lust an der produktiven Zerstörung. Wie löst man das Innovationsdilemma?

Dock-In 5: Transformation ernst nehmen

Die digitale und nachhaltige Transformation steht vor der Tür. Ein Hersteller für Insektenvernichtungsmittel dreht sein Geschäftsmodell ins Gegenteil, in Richtung Insektenrettung. Er hat, so sagt er in Interviews, verstanden, dass eine neue Zeit angebrochen ist. Artenvielfalt, Umweltschutz, Biodiversität fördern. Der Unternehmer baut eine völlig neue Produktpalette auf. Gegen den Mainstream-Markt, gegen den Willen seiner Bank. Wie schafft man es, eine umweltschädigende und womöglich sogar zerstörerische Produktpalette zu ersetzen?

Dock-In 6: Auf der Höhe sein

Die klassische Marktforschung schaut sich fast immer zuerst an, was die breite Masse im Durchschnitt denkt. Aber die wegweisenden Dinge spielen sich nicht in der Mitte, sondern an den Rändern ab. Dort liegen die Hotspots für Innovationen. Deshalb tummeln sich dort die Trendscouts und saugen neue Ideen auf. Auf der Führungskräftetagung fragt die CEO einer großen Brauerei: Wie schaffen wir es als Unternehmen, mit unseren Produkten immer auf der Höhe der kommenden Zeit zu sein?

Dock-In 7: Selbst entscheiden

Der amerikanische Soziologe Eric Leifer glaubte, dass Schachgroßmeister mehr Züge ihres Gegners im Voraus berechnen können als der Laie. Deshalb hatte er einige von ihnen befragt: »Sagt mal, wie viele Züge im Vorhinein könnt ihr tatsächlich berechnen?« Die Antwort verblüffte ihn: »Null bis eins, würden wir sagen.« Folgefrage: »Und worüber denkt ihr so lange nach, wenn das Ergebnis nicht darin besteht, die absehbaren Züge des Gegners zu berechnen?« Die nächste Antwort verblüffte ihn erneut: »Wir denken darüber nach, wie wir ein möglichst vielfältiges Spielfeld aufbauen können, mit dem Gegner zusammen, um im Nachhinein Fehler korrigieren zu können.« Wie kann man akzeptieren, dass der Markt nur vorübergehende Situationen anbietet, in die man seine Produkte und Services einklinken kann?

Auf diesem Ponton erkunden wir drei Resonanzräume: »Outside-In«, »Inside-Out« und »Impact Entrepreneurship«. Im Fokus stehen die beiden Fragen: Wem bieten wir was an und warum entscheiden sich die Kund:innen für uns beziehungsweise welchen Output generiert die Organisation für wen? Das heißt, es geht darum, im Spannungsfeld aus aktuellen technologischen Trends, dem ökonomisch-regulatorischen Bewegungsspielraum und den Bedürfnissen beziehungsweise Werten von Menschen eine nachhaltige Anpassungsleistung des Unternehmens zu berücksichtigen, zu sichern und zu gewährleisten. Dahinter zeichnen sich vier grundlegende Erfordernisperspektiven erfolgreicher Produktinnovationen ab: Wünschbarkeit, Machbarkeit, Wirtschaftlichkeit sowie Gesetzmäßigkeit. Jedes Unternehmen ist aufgefordert, sich, falls nötig, mit seinen langweiligen Angeboten und seinem eventuell herablassenden Umgang mit Kund:innen zu beschäftigen. Nur wer Verbraucher:innen von deren Überforderungen, Bedürfnissen und Notwendigkeiten entlasten kann, wird Wertschätzung und Respekt ernten.

Das Ponton »Produkte & Services« versucht, die drei Resonanzräume miteinander zu koppeln. Es blickt von außen nach innen, von innen nach außen, um schlussendlich beide Blickrichtungen zu integrieren. So gedacht wird die Organisation erstens intern als Gesamtsinnzusammenhang erhalten und ermöglicht zweitens den Einzelnen eine Orientierung auf ihre spezifischen Aufgaben und damit den Blick auf relevante Umwelten. Dies ist der Nährboden für ein gelingendes Innovationsmanagement.

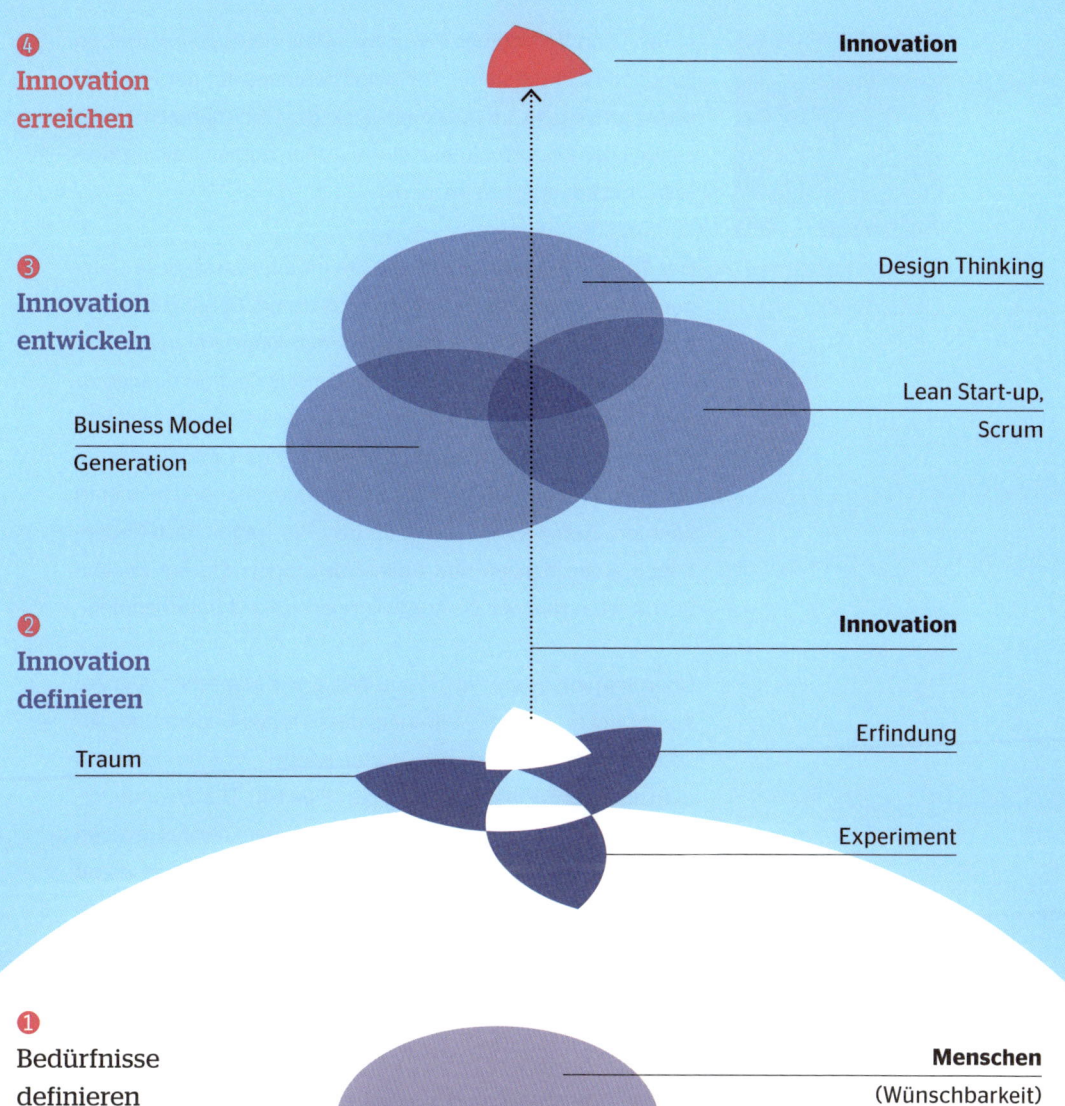

④

Innovation erreichen

Innovation

③

Innovation entwickeln

Design Thinking

Lean Start-up, Scrum

Business Model Generation

②

Innovation definieren

Innovation

Traum

Erfindung

Experiment

❶

Bedürfnisse definieren

Menschen
(Wünschbarkeit)

Technik
(Machbarkeit)

Unternehmen
(Wirtschaftlichkeit)

Regularien
(Gesetzmäßigkeiten)

**Resonanzraum:
Outside-In**

In der Long Version des Resonanzraums »Outside-In« werden Fundament und Rahmen des Unternehmens auf der Produktebene untersucht. Im Outside-In blickt das Unternehmen auf die zahlreichen Opportunitäten, die im Außen darauf warten, übersetzt und integriert zu werden.

Der Zukunftsforscher Karlheinz Steinmüller fasst diese Gelegenheiten in Zukunftsszenarien zusammen. Dabei gilt für ihn die Grunderkenntnis: »Szenarien geben keine Antworten auf das, was wir tun werden. Aber sie helfen, die richtigen Fragen zu stellen.« Es geht, so Steinmüller, darum, zu verstehen, wie Menschen und Gesellschaften auf technologische Trends, auf Innovationen oder auf künftige Sicherheitsbedrohungen reagieren könnten. Zum Beispiel: Atomausstieg. Wir fragen nach Nebenfolgen, Koinzidenzen und Kollateralschäden. Erst im zweiten Schritt erforschen wir die Auswirkungen auf das Unternehmen.

Überdies geht es um die Art und Weise, wie Menschen über Zukunft denken. Längst weiß man, dass Trends Gegentrends erzeugen oder das Alte sich immer wieder erneuert und mit aktualisierter Formatierung auf den Plan tritt. Der Zukunftsforscher Matthias Horx sagt: »Die Zukunft entsteht nicht in geraden Linien, sondern in Schleifen und Spiralen.« Und meint damit nicht zuletzt die Biografien von Produkten, die – wenn langfristig erfolgreich – selten linear, sondern fast immer disruptiv und überraschend sind. Nichts könne, so Horx, deshalb neu werden, wenn wir uns nicht ständig selbst erneuern.

Das sieht sein Kollege Harry Gatterer ähnlich. Für ihn gibt es zwei Zugänge zur Zukunft: »Zukunft als Wahrscheinlichkeit und Zukunft als Möglichkeit. Wahrscheinlichkeit liefert Prognosen, Möglichkeit nutzt Potenziale.« Gatterer misstraut den Prognosen von beratenden Personen und Forschungsinstituten. Diese seien mehr oder weniger wahrscheinlich und zu riskant. Wer Zukunft hingegen als eine von mehreren Möglichkeitsräumen sieht, beginnt seine Potenziale damit in Verbindung zu setzen. Warum habe ich – subjektiv gesehen – überhaupt eine Zukunft?

Spielen wir diese Denkfiguren anhand einer grundsätzlichen Eigenlogik durch, mit der Wirtschaft und Gesellschaft in der Zukunft rechnen: Nachhaltigkeit. Variante 1, Steinmüller: Wir fragen nach den Konsequenzen für Wirtschaft und Gesellschaft. Mit der Antwort: Mit dem Ende des Ölzeitalters wird die Welt der Wirtschaft wieder kleiner. Die Globalisierung geht zu Ende, weil Unternehmen ihre Logistik- und Transaktionskosten weltweit nicht niedrig halten können. Variante 2, Horx: Wir fragen nach den Schleifen und Spiralen. Teures Öl bedeutet das Aus für das Leben, wie wir es kennen. Die Globalisierung legt den Rückwärtsgang ein. Lokale Produkte werden wieder stärker unsere Märkte prägen. Die heimische Wirtschaft wird aufblühen. »Stellen Sie sich auf eine kleinere Welt ein! Schon bald werden Ihre Lebensmittel von einem Acker in Ihrer Nähe kommen, und die Dinge, die Sie kaufen, werden eher von einer Fabrik in Ihrem Heimatort produziert als am anderen Ende der Welt«, prophezeit der kanadische Zukunftsforscher Jeff Rubin. Variante 3, Gatterer: Welche Potenziale werden in jedem Einzelnen geweckt? Hier zeigen sich Rückzug und Tradition als Treiber. Vor einer Welt, die wir zunehmend als ungemütlich, bedrohlich bis bizarr wahrnehmen. Corona hat diese Wertehierarchie noch verstärkt und ergänzt. Erfolg bedeutet nicht mehr finanzieller Wohlstand, sondern mehr persönliches Wohlergehen (gekoppelt auch zu Gesundheit und Familie).

Wie komplex die Zusammenschau dieser drei Kontexte für Unternehmen werden kann, ist kaum mehr zu überblicken. Einerseits gehen Facetten der alten Welt unter, einige alte Werte und Sinnzusammenhänge werden jedoch hinübergerettet, aktualisiert, und schließlich interpretieren die Menschen als Potenzialträger ihre Chancen und Möglichkeiten neu und richten ihr Leben darauf aus. Vergangenheit, Gegenwart und Zukunft sowie Gesellschaft und Individuum funken auf der gleichen Welle. Dabei entstehen neue Optionen und Freiheitsgrade, aber auch Untergänge und Zerstörungen.

Wie lassen sich diese neuen Optionen ausgestalten? Entlang der eingangs erwähnten Erfordernisperspektiven unterstützen sich mehrere Disziplinen im Wechselspiel miteinander, innovatives Handeln zu ermöglichen.

Nacheinander gilt es, Antworten auf drei erfolgskritische Fragen zu entwickeln, um zu einem am Markt nachgefragten Produkt beziehungsweise einer Dienstleistung zu gelangen:

1. Wie lautet das Problem, das es wert ist, gelöst zu werden?
2. Wie sieht die Lösung aus, die dieses Problem beantwortet?
3. Wie kann diese Lösung skaliert werden?

Zur Beantwortung der zweiten Frage vertrauen Designer:innen gerne auf die Abduktion, »ein Schlussverfahren, das sich von der Deduktion und der Induktion dadurch unterscheidet, dass es die Erkenntnis erweitert« (Wikipedia). Ausgangspunkt der Überlegung hierzu ist eine überraschende Wahrnehmung, Beobachtung oder ein Ereignis – der sogenannte »Schwarze Schwan« –, für die es zunächst keine Erklärung gibt. Nun gilt es, eine neue Regel zu konstruieren, die – hätte es sie gegeben – das Phänomen hätte erklären können. Gleichzeitig eröffnet die neue Regel einen gänzlich neuen Lösungsraum: neue Fragen, neue Antworten, neue Produkte, neue Geschäftsmodelle, neue Narrative.

Zum Beispiel das der Exponential Organizations. Salim Ismail schreibt: »Wir beobachten eine neue Form von Organisationen, die Wert in einer Geschwindigkeit generieren und skalieren, wie wir es zuvor in der Wirtschaft noch nicht erlebt haben.« Oder die Plattformökonomie. Geoffrey G. Parker und andere schreiben: »Eine Plattform ist ein Geschäftsmodell, das darauf beruht, dass wertschöpfende Interaktionen zwischen externen Anbietern / Erzeugern und Kunden ermöglicht werden. Die Plattform stellt den Teilnehmern eine offene Infrastruktur für diese Interaktionen bereit und legt die Rahmenbedingungen und Regeln dafür fest. Der übergreifende Zweck einer Plattform ist es, das Zusammenkommen der User und den Austausch von Waren, Dienstleistungen und sozialer Währung (engl. social currency) zu gestalten und dabei für alle Beteiligten die Möglichkeit einer Wertschöpfung zu schaffen.«

Fallbeispiel Zukunftsinnovation

Ausgangsposition

Ein Beratungsunternehmen modernisiert sein Portfolio für seine Kunden, in der Regel mittelständische und kleinere Unternehmen aus allen Branchen. Man investiert in eine ePlattform, die Unternehmen von der Zukunftsidee bis hin zur Umsetzungsperspektive das fehlende Zukunftswissen bereitzustellen versucht.

Wie tun wir das?

Die Plattform bietet zwei Realisierungsachsen. Zuerst bietet es einen Fragebogen, mit dem konkret die Bedarfe der kleinen und mittleren Unternehmen erforscht werden. Diese Bedarfe werden zweitens mit Anbietern gekoppelt, die konkrete Lösungsideen und Umsetzungsrealitäten anbieten. Das Ziel des neuen Geschäftsmodells ist das Zusammenspiel der besten Angebote für die konkret formulierten Bedarfe. Der neue plattformökonomische Ansatz löst das individuell gestaltete Beratungsangebot ab.

Kurz gesagt:
- Analyse der eigenen Situation,
- Formulierung der Ausgangsposition,
- Integration der Anbieter.

Das alte Geschäftsmodell der Vorratshaltung eigener Kompetenz und Beratungsvielfalt geht unter. Diese werden jedoch in eine bunte, schillernde und vielseitige neue Anbieterwelt hinübergerettet, die auf einer Plattform mehr denn je Kompetenz ausstrahlt.

Daten sind der neue Kristallisationspunkt der Kund:innenbeziehung. Sie kann dauerhaft auf- und ausgebaut werden, wenn die Bedarfe direkt mit den adäquaten Angeboten und die Angebote schnell mit den konkreten Bedarfen gekoppelt werden können. Eine beiderseitige Gewinnbeziehung entsteht.

**Resonanzraum:
Inside-Out**

In der Short Version des Resonanzraums »Inside-Out« erkunden Unternehmen, wie erfolgreiche Geschäftsmodelle Kund:innenbedürfnisse mit erlebnisbasierten Wertangeboten befriedigen.

Oder wie es der Starbucks-CEO Howard Schultz einmal ausgedrückt hat: »Menschen an einem Ort zusammenbringen, wo sie Kaffeegenuss und Konversation feiern können.« Und er nennt die Quelle für diesen Erfolg, nämlich den Umgang der Menschen miteinander und die Werte eines Unternehmens: »Das Eigenkapital einer Marke besteht darin, wie Menschen handeln und welche Erlebnisse sie erschaffen.«

Damit formuliert er den Leitsatz der Experience Economy: Die Erlebnisse von Kund:innen und Mitarbeitenden stehen in einem direkten Wirkungsverhältnis zueinander. Marken- und Identitätserleben bilden eine konsistente Einheit. Es sind zwei Seiten ein und derselben Medaille. Erlebnisse – im Außen- wie im Innenverhältnis – sind heutzutage die Währung für den Geschäftserfolg.

Am Ende entsteht eine Service-Profit-Chain vom Arbeitsplatzdesign bis zum Umsatzprofit, wie sie Heskett bereits 1994 im *Harvard Business Review* beschrieben hatte: Alles ist miteinander verbunden. Eine Studie des Stellenportals Step Stone hat ergeben: »Unternehmen mit glücklichen Mitarbeitern haben eine höhere Mitarbeiterbindung, sind produktiver und wirtschaftlich erfolgreicher. Sie übertreffen ihre Konkurrenz.«

Allgemeiner formuliert: In einer Welt, in der die Geschäftsmodelle neu aufgestellt werden, bedarf es eines neuen Verständnisses der an der Wertschöpfung Beteiligten und des Umgangs mit ihnen. Kund:innen und Mitarbeiter:innen werden kommunikativ gleichgestellt. Das Unternehmen investiert in beide Gruppen. Mit der Folge: Die Identität eines Unternehmens, wie sie die Mitarbeitenden erleben, ist dem Pendant auf der Kund:innenseite, der Marke, gleichgestellt. Erlebnisse stellen die Brücke zwischen Kund:innen und Mitarbeiter:innen dar. Der Austausch werthaltiger Angebote sichert die Bindung an das Unternehmen.

Betriebsstrategie und System zur Erbringung von Dienstleistungen

Interne Servicequalität
Arbeitsplatzgestaltung; Job Design; Mitarbeitendenauswahl und Personalentwicklung; Prämien und Anerkennung für Mitarbeitende; Tools für die Kund:innenbetreuung

Mitarbeitendenzufriedenheit

Mitarbeitendenbindung

Produktivität der Mitarbeitenden

Externer Servicewert
Servicekonzept: Ergebnis für Kund:innen

Kund:innenzufriedenheit
Dienstleistung, die auf die Anforderungen der Zielkund:innen zugeschnitten ist

Die Links der Service-Profit-Chain

Kund:innenloyalität
Bindung; Wiederholungsaufträge; Weiterempfehlung

Umsatzwachstum

Profit

66 Produkte sind das Herz eines Unternehmens. Ihr Erfolg hängt unweigerlich von den Menschen ab, die sie entwickeln, produzieren und vertreiben; der Mensch ist somit ultimativer Erfolgsfaktor. Während die gängige Managementpraxis jedoch für nahezu jeden Anwendungsfall einem Benchmark nacheifert, bleibt die Suche nach einer allgemeingültigen Blaupause für das Gestalten und Führen von Organisationen erfolglos. Vielmehr zeigt sich: Erfolgreich führen heißt kontextspezifisch führen! 99
Andreas Mundt, COO Americas,
Rehau Group

Der Fokus einer neuen Form dieses Human Work ist die Beziehungsgestaltung zwischen Unternehmen und Mitarbeitenden unter Wahrung der Kongruenz zwischen Identität und Marke. Dies geschieht durch die Ausgestaltung wünschenswerter Interaktionen zwischen Organisationsmitgliedern, der Bereitstellung handlungsleitender Informationen und der Gewährleistung produktivitätsfördernder Infrastrukturen, das heißt materieller wie institutioneller Einrichtungen eines arbeitsteiligen Wirtschaftens. Man nennt es Employee Experience Design (EED). Mitarbeitende und Führungskräfte können nur dann für ihre Kund:innen herausragende Erlebnisse schaffen (Customer Experience), wenn sie selbst ein positives Mitarbeitendenerlebnis genießen (Employee Experience).

Erlebnisse schaffen bedeutet aber auch, die fünf Sinne des Menschen wieder ernst zu nehmen und zu integrieren. Produkte und Services sind sinnorientiert. Einmal als sinnstiftender Zusammenhang und dann wiederum als 5-Sinne-Aktivierer. Blick zurück nach vorne: Man könnte das auch vergleichen mit dem Menschenbild, das Karl Marx in einer klassenlosen Gesellschaft beschrieben hat. Dort kann der Mensch sich nur noch menschlich verhalten, wenn jeder Blick eines jeden nur auf den Mehrwert des anderen zielt. »Ebenso sind die Sinne und der Geist des anderen Menschen meine eigene Aneignung geworden.« Marx meint das als grundsätzliche Erfahrung über die fünf Sinne. In der gegenseitigen Wahrnehmung entfalten sie sich im Gegensatz zum genötigten Menschen im Kapitalismus. Marx geht sogar noch einen Schritt weiter: »Die Bildung der 5 Sinne ist eine Arbeit der ganzen bisherigen Weltgeschichte.« Mag pathetisch klingen, ist aber für unseren Kontext anschlussfähig.

Damit ist nämlich die volle und freie Entwicklung jedes Individuums gemeint, die Marx als oberste Leitbegrifflichkeit definiert. Im Gegensatz dazu vegetiere der rohe, bornierte Mensch als taube Nuss dahin, der nur seine primäre Bedürfnisbefriedigung im Sinn habe. Er existiert geradezu ohne jede Sinnverbindung auf dieser Welt. »Der sorgenvolle, bedürftige Mensch hat keinen

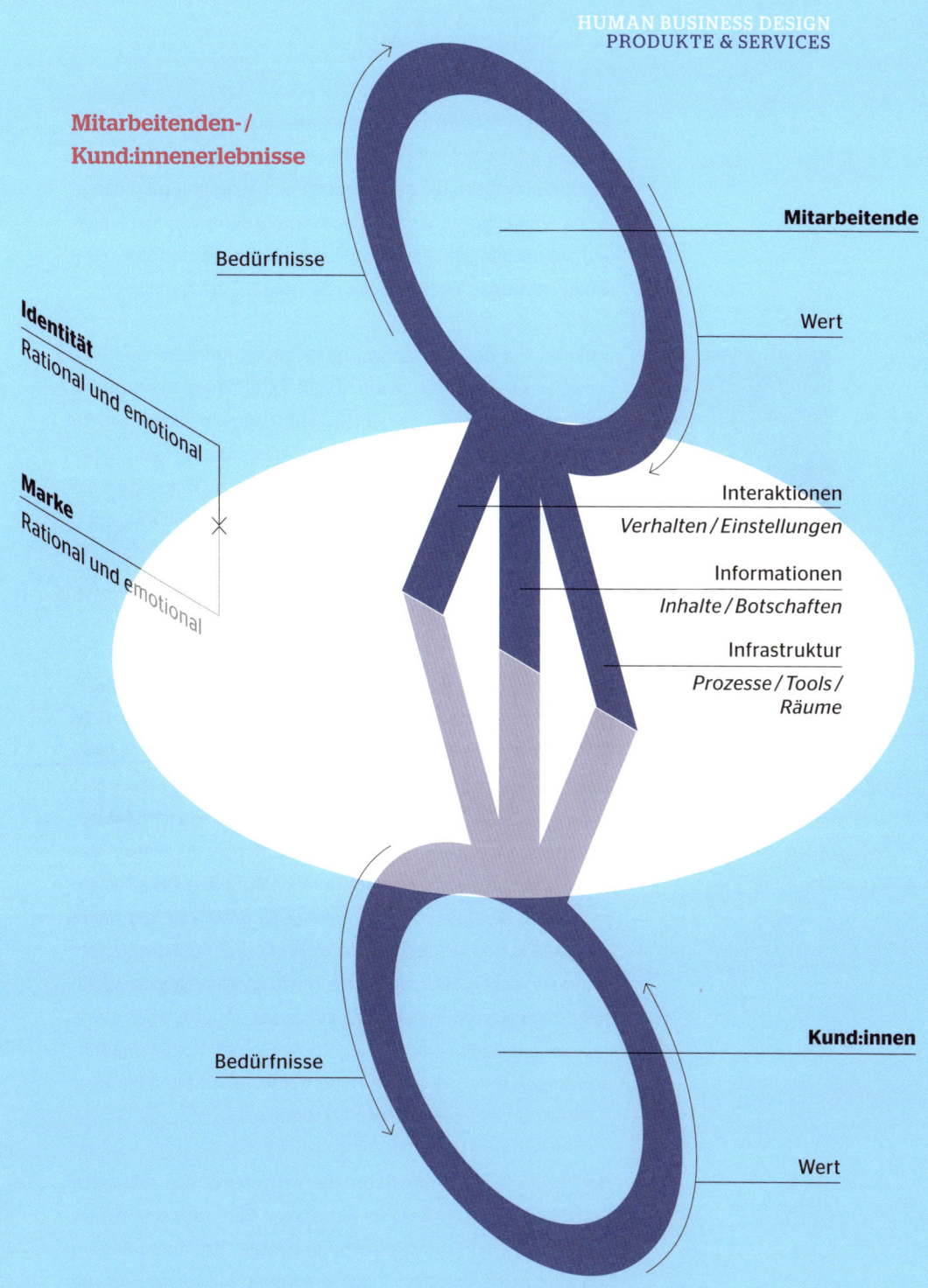

Mitarbeitenden- /
Kund:innenerlebnisse

Mitarbeitende

Bedürfnisse

Wert

Identität
Rational und emotional

Marke
Rational und emotional

Interaktionen
Verhalten / Einstellungen

Informationen
Inhalte / Botschaften

Infrastruktur
*Prozesse / Tools /
Räume*

Bedürfnisse

Kund:innen

Wert

Sinn für das schönste Schauspiel; der Mineralienkrämer sieht nur den merkanthilischen Werth, aber nicht die Schönheit und eigenthümliche Natur des Minerals; er hat keinen mineralogischen Sinn.« Womit wir bei der Reintegration von Menschen und natürlichen Wertschöpfungsprozessen angelangt sind. Wirtschaft ist Human Work und Sinn-Stiftung für alle Beteiligten.

Resonanzraum: Impact Entrepreneurship

Im Short Cut des Resonanzraums »Impact Entrepreneurship« verweisen wir auf eine ganz aktuelle Diskursform der Produkt- und Serviceinnovation. Es geht im Zielbild um eine bessere Welt, deren Lebensgrundlagen mehr geschützt werden. Mehr Biodiversität, mehr Klimaschutz, mehr Artenschutz. Es geht um die Entwicklung neuer Renditemuster jenseits des kapitalistischen Profits. Es geht um neue Lösungen, die nicht aus der Vergangenheit ableitbar sind. Und um neue Denkende und Handelnde, die Impacts geben für eine neue Form des Wirtschaftens.

Zum Beispiel Kate Raworth, langjährige Mitarbeiterin der NGO Oxfam, mittlerweile an der Oxford-Universität lehrend. Sie will die Wirtschaftswissenschaften neu schreiben. Und entwickelt ganz andere Bilder, zum Beispiel das Einvernehmen der Ökonomie mit der Natur und Gesellschaft oder die Ergänzung des Marktes durch die wirtschaftlichen Sphären des öffentlichen Sektors, der Haus- und Sorgewirtschaft sowie der Allmenden. Als »Designprinzipien« stellt Raworth Verteilungsgerechtigkeit und Nachhaltigkeit in den Mittelpunkt, nicht Profit und Konkurrenz. Der Markt sei wichtig, aber nicht alles. Hinzu kommen andere Wohlstandsindikatoren, Gemeinwohlbilanzen für Unternehmen sowie eine andere Geldpolitik mit Negativzinsen und Komplementärwährungen. Unternehmen müssten demokratisiert und Teil einer »Open Source Circular Economy« werden.

Noch radikaler argumentieren die Vertreter einer Postwachstumsökonomie. Zum Beispiel Nico Paech. Er fordert einen Rückbau industrieller Fremdversorgung bei gleichzeitigem Aufbau subsistenzwirtschaftlicher Eigenversorgung, in Gang gesetzt von einem Wandel des Lebensstils der Menschen. Hinzu kommen als

Forderungen die Verlängerung der Nutzungsdauer industrieller Produkte, verstärkte Gemeinschaftsnutzung von Gütern, vermehrte Eigenproduktion, Deglobalisierung und die Schaffung kleinräumiger Ökonomien.

Alle vereint die Frage: Was kommt nach Industrialisierung und Globalisierung? Allen gemeinsam ist die Notwendigkeit, den bisherigen Rahmen zu verlassen und seine Komfortzone aufzugeben. Oder sich von der gewohnten Denk- und Handlungsachse zu entfernen. Die Konturen eines Impact Entrepreneurship werden in diesen neuen Begrifflichkeiten langsam sichtbar. Als Sichtachse für eigene Produkt- und Serviceinnovationen bleibt der Blick darauf unverzichtbar für alle Unternehmer und Manager:innen.

Kurzimpulse

- Salim Ismail: *Exponentielle Organisationen. Das Konstruktionsprinzip für die Transformation von Unternehmen im Informationszeitalter.*
  Eine exponentielle Organisation (ExO) ist eine Organisation, deren Wirkung (oder Ertrag) überproportional hoch – mindestens zehn Mal höher – ist als bei vergleichbaren Organisationen.
- Robert Tercek: *Vaporisiert. Solide Strategien für Erfolg in einer dematerialisierten Welt.*
  Digitalisierung ist der Beginn einer neuen Medienepoche. Alles, was vorher fest war, wird in Information verwandelt.
- Maja Göpel: *Unsere Welt neu denken. Eine Einladung.*
  Wir leben in einer überbordenden Welt, in der die Ressourcen beschränkt sind. Das verlangt, Wohlstand und Fortschritt neu zu bestimmen.
- Wolf Lotter: *Innovation. Streitschrift für barrierefreies Denken.*
  Eine Streitschrift für mehr Widerspruch, Eigensinn und Grenzen in Innovationsprozessen.

Deep-Out

Im Deep-Out zu »Produkte & Services« nähern wir uns den neuen Narrativen, Denk- und Handlungsmustern, die inside-Out, outside-In und impact-oriented wirken. Wir wollen Ihnen weitere Inspirationsquellen und Orientierungsperspektiven rund um Innovationsprozesse anbieten. Hier sieben stabile Erkenntnisse aus der Welt von morgen.

Deep-Out 1: Entfremdung

Das tradierte kapitalistische Wachstumsnarrativ kann nur funktionieren, wenn wir den Menschen als Konsumenten aus dem Kreislauf der Natur herauslösen und ihm Bedürfnisse andichten, die er als Mensch überhaupt nicht hat. Vom Menschen entfremdete Produkte und Dienstleistungen her- beziehungsweise bereitzustellen, funktioniert nur, wenn sich die Produzenten von ihren Produkten und in letzter Konsequenz vom Menschen entfremden.

Deep-Out 2: Kundenbild von morgen

Kund:innen von morgen sind Datenpools, in denen ihr digitaler Footprint permanent gescannt und ausgewertet wird. Stellt sich die Frage, ob der Mensch dann noch als selbstbestimmtes, freies Wesen betrachtet werden kann. Oder werden künftig Mitarbeitende und Kund:innen fremdgesteuert, weil ihre originären Entscheidungs- und Steuerungskompetenzen in die Algorithmen abwandern? Die frühdigitale Erkenntnis, dass der Mensch vom monotonen Arbeiten befreit würde, um endlich sinnvollen Tätigkeiten nachgehen zu können, muss ständig überprüft werden.

Deep-Out 3: Ja, aber!

Die lineare Produktinnovation hat ausgedient. Und damit das Unikat einer homogenen Bedürfnis-Lösungs-Kette. In einer kontingenten (alles könnte auch anders sein) und komplexen (alles könnte auch falsch sein) Welt rückt die eindeutige Entscheidung in den Hintergrund. Oder wie es in dem Buch *What can Art do* heißt: »Erst das Ja-aber ermöglicht uns die Ahnung und bestenfalls die Anerkennung anderer Perspektiven – und genau dieses

Bewusstsein, dass es in jeder Situation nicht unbedingt nur eine richtige Möglichkeit / Erzählung gibt, ist nötig für eine Offenheit für Einwände und Argumente anderer.«

Deep-Out 4: Schwöre!

Auf diesem Ponton entscheidet und konkretisiert sich, ob ein Unternehmen innerhalb des gegenwärtigen Wirtschaftssystems operiert oder ob es dieses dehnen, verändern oder sogar überwinden will. Hier kommt es zum Schwur in Richtung neuer Narrative des Wirtschaftens wie A wie Abductive Thinking oder Z wie Zero Emissions Economy.

Deep-Out 5: Nudging

Der Ausdruck Nudging stammt von dem Wirtschaftspsychologen Richard H. Thaler und dem Rechtswissenschaftler Cass R. Sunstein, die zeigen, wie man Entscheidungen über Gesundheit, Wohlstand und Glück positiv beeinflussen kann – bewusst nicht erzwingen will. »Wie die Elefantenmutter, die ihr Baby in die richtige Richtung schubst, um ihm zu zeigen, wo das Futter ist. Sie holt das Futter nicht selbst, sie versorgt ihr Junges nicht, sie hilft ihm nur auf den richtigen Weg. Sie bevormundet – aber nur ein bisschen, sie tut das, weil es für das Wohl aller Familienmitglieder förderlich ist.« Ein bisschen Paternalismus darf sein, wenn man sich für humane Produkte und Dienstleistungen einsetzen will.

Deep-Out 6: Unseren Kindern und Enkeln etwas übrig lassen

Nachhaltigkeit, so der Zukunftsforscher David Bosshart, heißt: »Wer Kinder hat, hat auch einen rationalen Grund, in deren künftige Umwelt und Lebensqualität zu investieren – oder gewisse Dinge zu unterlassen. Das war schon so, als der Begriff der Nachhaltigkeit in der deutschen Forstwirtschaft im 18. Jahrhundert geprägt wurde. Damals galt es, beim Abholzen Rücksicht zu nehmen: Bitte nur so viel, dass die Bestände wieder ordentlich nachwachsen können, damit die nächste Generation keinen Mangel erleiden muss. Genau das ist der Punkt der Nachhaltigkeit: Sie macht nur Sinn, weil es eine nächste Generation gibt, für die es sich lohnt, lebbare Lebensverhältnisse zu hinterlassen.« Immer mehr Zukunft schrumpfe in die Gegenwart – man erkenne gar nicht mehr, wie wir die Zukunft im Konsumrausch verzehren. »Wir schauen nur noch nach rechts oder links, auf das, was der andere tut, statt dass wir uns um eine lebenswerte Zukunft bemühen.« Alle, die nach uns kommen, sind, so Bosshart, unsere Kinder – ob sie nun unsere Gene tragen oder nicht. »Wir leihen uns schon viel zu viel von der Zukunft: Sie persönlich genauso wie Ihre Regierung und die gesamte menschliche Gattung.«

Deep-Out 7: Durch die Brille innovativ altern

Der Publizist und Vordenker Wolf Lotter bringt es auf den Punkt: »Innovation ist der berechtigte Anlass für die Hoffnung, dass es besser wird. Der Beweis, dass die Zukunft existiert. Dass es einen Fortschritt gibt, eine Perspektive.« Innovation ist für ihn eine soziale Kraft, die aus Gegensätzen etwas Konstruktives schaffe. Um das zu können, braucht es aber auch die langwierige, langatmige und lang anhaltende Beschäftigung mit dem Wissen rund um die Produkt- und Serviceinnovationen. Weswegen der Wirtschaftshistoriker David Landes auch geschrieben hat, dass nicht der Buchdruck oder die Dampfmaschine die wichtigste Erfindung der Neuzeit ist, sondern die Brille. Sie mache es möglich, dass Handwerkende und Gelehrte ihr gesammeltes Wissen auch in fortgeschrittenem Alter praktisch nutzen können. Die Brille bewirke somit eine Verlängerung der produktiven Zeit der Menschen.

Leitbegriffe in
diesem Kapitel:

- Abduktion,
  abduktives Denken
- Employee
  Experience Design
- Experience
  Economy
- Impact
  Entrepreneurship
- Inside-Out
- Nachhaltigkeit
- Narrativ
- Outside-In
- Plattformökonomie
- Schwarzer Schwan
- Service-Profit Chain

Glossar auf S. 190

VERANT-WORTUNG & STRUKTUR

Willkommen. Der Wandel erfordert ständige Anpassung und strukturelle Neuausrichtung.

Wachstum managen. Kund:innenzentriert bleiben. Geschwindigkeit anpassen. Silos aufbrechen. Auf diesem Ponton erfahren Sie mehr über neue Organisations- und Führungsstrukturen.

Zwei Unternehmen erzählen, wie sie ihren Strukturhebel konkret verändert haben. Abschließend sieben grundsätzliche Deep-Outs als Inspirationsquellen. Zum Mitnehmen.

Dock-In

Dock-In 1: Weniger ist mehr!

Ein Unternehmen verzeichnet starkes Wachstum. Es hat viele neue Kund:innen hinzugewonnen. Insgesamt ist es aber auf Sparkurs, weshalb es nicht proportional notwendige Ressourcen aufbauen kann. Wie kann es mit gleicher Anzahl von Mitarbeitenden mehr Kundschaft bedienen?

Dock-In 2: Beides gleichzeitig

Ein Start-up in einem hochinnovativen Marktumfeld: hoher Druck und Geschwindigkeit prägen die Firmenrealität. Alle Bereiche sind hochexpansiv. Einerseits ist eine progressive Unternehmenskultur stark ausgeprägt, andernorts werden traditionelle Führungsstrukturen bevorzugt. Wie kann ein Unternehmen als Hybrid funktionieren?

Dock-In 3: Erster!

Morgen wird das neue Innovationslabor eröffnet. Die Mitarbeitenden sind gespalten. Ist es die neue Wohlfühlinsel mit Kicker und Massagesesseln oder fördert es die konzentrierte Produktentwicklung mit den Schlauesten der Schlauen? Springen wir zu spät auf den Zug von Digital Innovation und New Work? Wie werden wir First Mover?

Dock-In 4: Eine Frage der Autorität

Ein Abteilungsleiter wird in die Rente verabschiedet. Mit ihm auch die alte Macht einer disziplinarischen Führungskraft. Die Mitarbeitenden atmen auf, endlich Zeit für Teambildung und neue Aufgabenverteilung. Doch die Machtfragen schlagen zurück. Wer spricht jetzt für wen und mit welcher Autorität? Wer wird wie und von wem akzeptiert?

Dock-In 5: Flexibel dynamisch

In einem Unternehmen dominiert der HR-Bereich Arbeitsplatzbeschreibung und Aufgabenbereich. Die Mitarbeitenden und Kund:innen verlangen aber größere Flexibilität und Dynamisierung. Alle wollen mehr Klarheit und Effizienz in den Zuständigkeiten. Wie kann sich ein Unternehmen kund:innenzentriert aufstellen und gleichzeitig operativ exzellent wirtschaften?

Dock-In 6: Lokal und global

Ein weltweit aufgestelltes Unternehmen muss sich ständig lokal, regional und global ausbalancieren, um wettbewerbsfähig zu bleiben. Verantwortung muss richtig verteilt sein. Wer ist in den Ländern, Regionen und in der Welt für was zuständig? Oder: Wie kann man Geschwindigkeit und Leistung auf allen Ebenen aufrechterhalten?

Dock-In 7: Ego-Solo-Show

In einem Unternehmen sind über die Jahre Silos entstanden, in denen fortgesetzt Egoismen, Zuständigkeiten und Abschottungen betrieben werden. Der Krieg der Singularitäten verhindert echte Zusammenarbeit. Wie können wir das überwinden?

Dock-In 8: Raus aus der Falle

Unproduktive Besprechungen, unendliche Abstimmungsschleifen und wenig Umsetzungsstärke. In diesem Milieu übernimmt keine:r mehr richtig Verantwortung. Im Gegenteil: Alle verschanzen sich hinter ihrer Aufgabenstellung. Wie lässt sich das ändern?

Dock-In 9: **Aufgaben für alle**

Ein Unternehmen ist in der Schrebergarten-Welt angekommen.
Alle gärtnern im eigenen Verantwortungsbereich. Die Mitarbeitenden fühlen sich eingerostet. Routine und formale Befugnis
sind die obersten Besetzungsargumente. Wie kommt man aus
dieser bleiernen Sackgasse heraus? Und wie kommen die Qua-
lifiziertesten an die erfolgskritischen Aufgaben?

Dock-In 10: **Willkommen zurück**

Agiles Arbeiten ist das neue Schlagwort im Management. Es geht
um mehr Selbstbestimmung, Selbstorganisation und Selbstüber-
windung, um verkrustete Strukturen aufzubrechen. Scrum Master hier, Product Owner dort! Wie können wir neues Denken in
unser Unternehmen integrieren?

Dock-In 11: **Verantwortung zeigen**

In einem Unternehmen sollen alle Mitarbeitenden unternehme-
rischer denken und handeln. Die Chefetage will Intrapreneure
und Intrapreneurinnen. Gleichzeitig werden rigide Bürokratien
beibehalten, in denen Kostenschranken die Bewegungsfreiheit jedes einzelnen beschränken. Wie können alle ganz konkret mehr
Freiheit und Verantwortung übernehmen?

Dock-In 12: **Schön übersichtlich**

Ein Unternehmen hat seine pyramidale Führungsstruktur abgeschafft. Jetzt agiert man als Kreisorganisation rund um die einzelnen Stufen der Wertschöpfungskette. Die Arbeitsorganisation
wird insgesamt offener und vielfältiger. Das führt bei vielen zu
Orientierungslosigkeit und einem Verlust an Zugehörigkeit. Die
Komplexität steigt. Wie gewinnen wir die frühere Übersichtlich-
keit zurück?

Auf diesem Ponton gibt es drei Resonanzräume: »Struktur«, »Macht und Verantwortung« sowie »Bedürfnis und Identität«. Im Kern beschäftigen wir uns mit den Grundfragen, wer sich in einer Institution um was kümmert, wie Entscheidungsmacht verortet wird und wie daraus ein Gefühl von Zugehörigkeit und Zusammenarbeit entsteht.

**Resonanzraum:
Struktur**

Willkommen in der Long Version des Resonanzraums »Struktur«. Hier zerlegen wir die Organisation in einzelne Bestandteile, untersuchen die dahinter liegenden Beziehungen und lernen die aktuelle Anordnung der Bestandteile näher kennen. Es geht also um »Organisation« im engeren Sinne, die wir mit den Begriffen Arbeitsteilung, Koordination und Zusammenführung umschreiben. Die strukturelle Perspektive fokussiert damit auf die eher »technisch-architektonische« Seite dieses Pontons.

Wie sieht dieses Organisationsgebäude aus? Durch den Eingang einer Organisation(seinheit) gelangt der zu bearbeitende Input, sprich der Rohstoff, die Information oder das Vorprodukt. Dieser Input wird auf die Aufgaben- und Verantwortungsträger dieser Einheit verteilt. Jeder Akteur steht an der richtigen Stelle im Fluss der Arbeit und leistet seinen spezifischen Beitrag. Was auf mehrere Köpfe aufgeteilt wurde, ist im Verlauf der Wertschöpfung so zu koordinieren und am Ende zusammenzuführen, dass das Ganze tatsächlich mehr ist als die Summe seiner Einzelteile und somit einen nachgefragten Output darstellt. Mithin meinen wir mit dem Begriff Organisation die Art und Weise der Aufgliederung auf arbeitsteilig operierende Subeinheiten (Funktionen, Stellen und Rollen) sowie die Koordination und die Zusammenführung dieser Subeinheiten mittels struktureller Verbindungsmechanismen (etwa Teams oder Gremien).

Manchmal wird ein so verstandener Organisationsbegriff noch spezifischer gefasst. Dann sprechen wir von Aufbauorganisation im Kontrast zur Ablauforganisation (siehe Ponton Prozesse & Methoden), wobei beides – wie das kleine Beispiel des Organisationsgebäudes zeigt – synergetisch miteinander verbunden ist, also zwei Seiten der gleichen Medaille darstellt. Für die Aufbauorganisation ist interessant, wie Arbeit und Akteure, die sie verrichten, zu Einheiten gruppiert werden (Strukturbildung). Die Ablauforganisation fokussiert darauf, wie die Arbeit von Einheit zu Einheit durch das Unternehmen fließt (Wertschöpfung).

Damit beschäftigt sich die strukturelle Perspektive dieses Pontons auch mit den Fragen, nach welchen Gesichtspunkten eine Einheit gebildet und zugeschnitten wird, wie groß sie bemessen ist und welche Formen einer sachlogischen Über-oder Unterordnung zu anderen Einheiten, etwa im Sinne eines Organigramms, bestehen.

Diese technisch-architektonische Perspektive hilft, komplexere Strukturfragen besprechbar zu gestalten. Eine der großen Fragen, die den Organisationsdiskurs schon seit längerem befeuert, ist zum Beispiel das Problem der Ambidextrie. Hier geht es darum, wie es Unternehmen gelingen kann, einerseits den stetig wandelnden Anforderungen hochdynamischer Umwelten gerecht zu werden (exploration) und andererseits Bewährtes stabil zu skalieren oder operativ exzellent zu wirtschaften (exploitation). Eine strukturelle Antwort auf diese Frage bietet die technisch-architektonische Perspektive unter der Überschrift »Hybride Organisation«, in dem Organisationsgebilde geschaffen werden, die für beide Anforderungsmodi bestmögliche Umsetzungen gewährleisten.

❝ Die Herausforderungen und Rahmenbedingungen im Wettbewerb werden für Unternehmen zunehmend komplexer. Rasante technische Veränderungen gehen einher mit zum Teil disruptiven Veränderungen der Geschäftsmodelle. Wie kann sich ein Unternehmen in seiner Struktur sowie der Organisation der Verantwortung darauf einstellen? Streng hierarchisch organisierte Unternehmen sind zwar sehr effizient bei relativ stabilen Rahmenbedingungen, sind aber langsam, wenn sie auf die genannten Veränderungen reagieren müssen. Deshalb versuchen wir bei Bosch innerhalb von HR, uns in Richtung einer Netzwer-

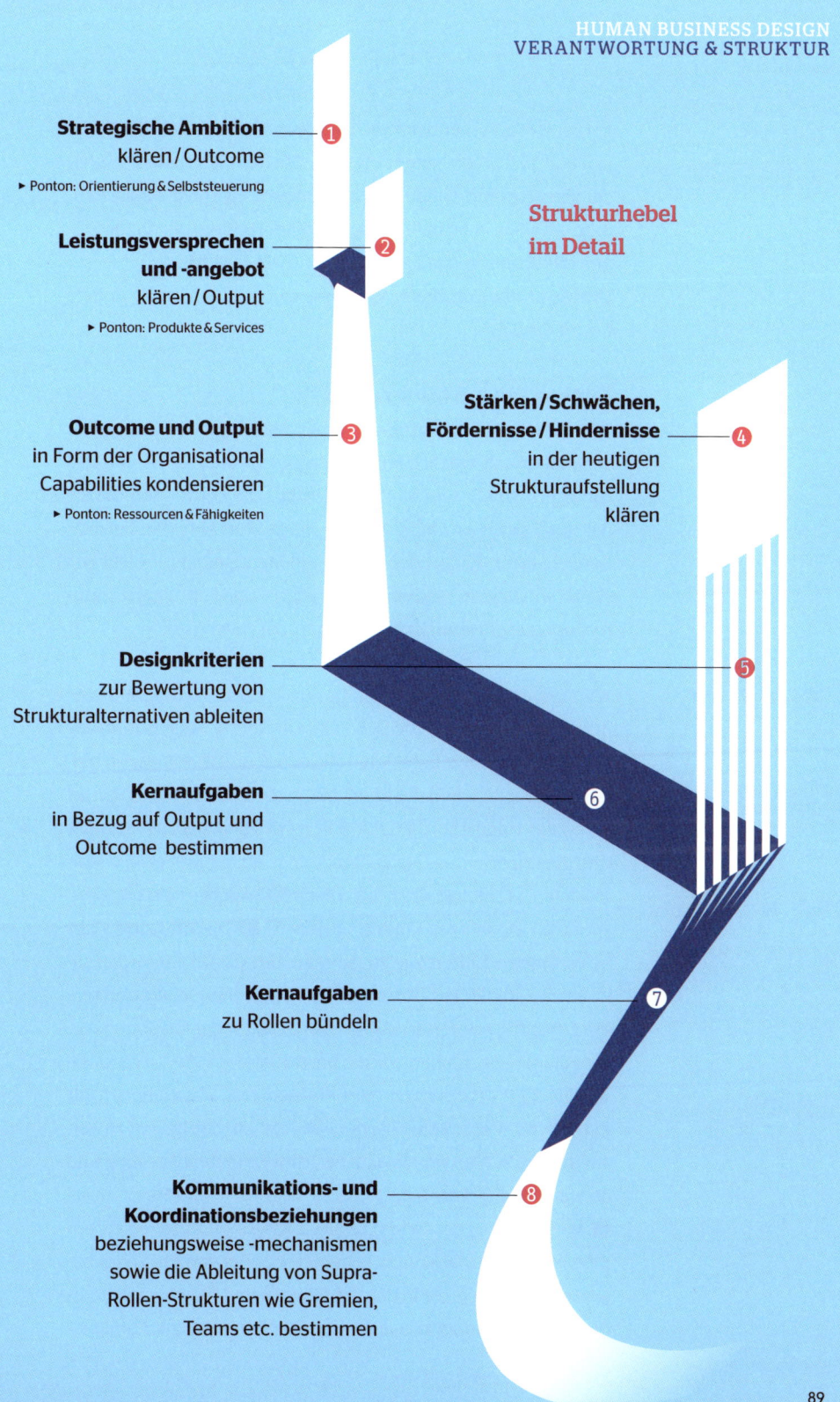

Strategische Ambition ——— ❶
klären / Outcome

▶ Ponton: Orientierung & Selbststeuerung

**Leistungsversprechen
und -angebot** ——— ❷
klären / Output

▶ Ponton: Produkte & Services

**Strukturhebel
im Detail**

Outcome und Output ——— ❸
in Form der Organisational
Capabilities kondensieren

▶ Ponton: Ressourcen & Fähigkeiten

**Stärken / Schwächen,
Fördernisse / Hindernisse** ——— ❹
in der heutigen
Strukturaufstellung
klären

Designkriterien ——— ❺
zur Bewertung von
Strukturalternativen ableiten

Kernaufgaben ——— ⑥
in Bezug auf Output und
Outcome bestimmen

Kernaufgaben ——— ⑦
zu Rollen bündeln

**Kommunikations- und
Koordinationsbeziehungen** ——— ⑧
beziehungsweise -mechanismen
sowie die Ableitung von Supra-
Rollen-Strukturen wie Gremien,
Teams etc. bestimmen

89

korganisation zu entwickeln. Das bedeutet, dass wir die Organisation nicht von einem stabilen Zustand A in einen neuen
stabilen Zustand B überführen, sondern vielmehr einen Rahmen schaffen, innerhalb dessen Veränderungen und Anpassungen der Strukturen in Zukunft Normalität sind. **"**

*Uwe Schirmer, Corporate Department Human Resources, Robert
Bosch GmbH*

Fallbeispiel: Lean Management

Ausgangsposition

Wir zoomen in ein großes Mobilitätsunternehmen. Ein Geschäftsbereich wächst aufgrund einer großen Umstrukturie-
rung gerade sehr schnell. Die Zielgruppe der Leistungen, die für
die Kund:innen erbracht werden, vergrößert sich parallel. Der
Bereichsleiter initiiert daher ein Lean-Management-Projekt zur
Weiterentwicklung seiner Organisations- und Führungsstrukturen, um dieser Herausforderung gerecht zu werden.

Wie tun wir das?

Wir durchlaufen den Business-Design-Prozess in komprimierter
Form und erlauben uns vor allem an jenen Stellen iterative
Schleifen, die allen beteiligten Akteuren und Akteurinnen helfen, die Brücke von der Gegenwart in die Zukunft zu gehen. Im
Sinne der Understand-Phase klären wir zunächst den Kontext
und die Bedarfe des Geschäftsbereichs ab. Wo wollen wir strategisch hin (Zukunft, Purpose, Ziele)? ❶ Welches Leistungsversprechen wollen wir künftig abgeben? ❷ Die Antworten auf
beide Fragen führen wir zusammen, um daraus die organisationalen Fähigkeiten abzuleiten, die wir beherrschen müssen,
um zukünftig erfolgreich zu sein ❸. Denn für die Ausübung dieser Fähigkeiten suchen wir die bestmögliche Strukturvariante,
die gleichzeitig unser zentrales Problem löst: Wie managen wir
mit weniger Ressourcen mehr Leistung? Um das besser zu verstehen, betrachten wir die gegenwärtige Strukturaufstellung und
analysieren Stärken, Schwächen, Fördernisse und Hemmnisse
❹. Wir leiten aus den Schritten ❶ bis ❹ Design-Kriterien ab, um
mögliche Strukturalternativen gegeneinander abwägen oder bewerten zu können, die in den Schritten ❼ und ❽ entworfen werden ❺. Wir schauen uns außerdem näher an, welche Aufgaben

wir im Alltag bearbeiten, um unser Leistungsangebot für unsere Kund:innen zu erbringen oder unsere strategischen Ambitionen zu realisieren. Wir dekonstruieren also die Arbeitsmenge, um Arbeitsteilung zu ermöglichen. Dabei gehen wir nicht zu kleinteilig vor, sondern konzentrieren uns auf die wertschöpfenden Kernaufgaben, um im Verbesserungsprozess nicht an Geschwindigkeit zu verlieren. **6**

Mit anderen Worten, im Ablauf der Schritte **1** bis **6** oszillieren wir in unserem Human Business Design-Prozess zwischen den Phasen Understand und Synthesize, in dem wir uns Bedarfe und Rahmenbedingungen erschließen, diese interpretieren und für uns Ableitungen daraus ziehen und in erste Design-Entscheidungen überführen. Es ist ein dynamisches Vor- und Zurück, in schnellen Schritten vollzogen, um dann in die Entwicklung von Ideen für mögliche Strukturvarianten einzusteigen. Nach der Dekonstruktion bündeln wir diese Kernaufgaben in zwei Schritten, einmal in einer neuen Rollenstruktur **7** und dann in der Bestimmung der Kommunikationen und Koordinationen untereinander **8**. Dafür bilden wir Prototypen, die wir mit Beteiligten direkt testen und iterativ verfeinern können. Unser Ziel ist, schnell ins Do, will sagen: ins Leben der neuen Rollen und Koordinationsbeziehungen zu kommen, denn wir wissen, dass wir uns ohnehin fortlaufend weiterentwickeln müssen. Die Flexibilität des Rollenkonzepts, das sich leicht adaptieren lässt, gepaart mit der iterativen Logik des Human Business Design-Prozesses erlaubt uns, unsere Strukturaufstellung gezielt an den Stellen schnell anzupassen, die entwicklungsbedürftig sind, ohne dass wir ständig ein großes Reorganisationsprojekt starten müssen. Unsere Strukturaufstellung ist niemals final, sondern ständig lebendig.

Fallbeispiel: Rollenspiel

Ausgangsposition

Eine regionale Bank befindet sich in einer klassischen Marktanpassung und will seine Beratungsphilosophie im Privatkund:innengeschäft weiterentwickeln. Diesbezüglich sollen die Rollen und Verantwortlichkeiten der Bankberater:innen re-aktualisiert werden. Es wird entschieden, die Methode des Rollenspiels bereits in der Understand-Phase einzusetzen.

Wie tun wir das?

Was passiert konkret? Zwei Projektmitglieder führen ein Gespräch zum Thema Vertrieb; das eine Projektmitglied in der Rolle des Beratenden, das andere in der Rolle des Vorgesetzten. Die Beobachter:innen des Rollenspiels bekommen die Aufgabe, zu dokumentieren, welche Gesprächsinhalte, Frage-Antwort-Kombinationen, Schwerpunkte etc. das Gespräch bestimmen. Daraus werden erste Hypothesen zu Rollenzuschnitten, Kompetenzbedarfen und Entscheidungsbefugnissen abgeleitet.

Der Vorteil dieser Vorgehensweise besteht darin, die häufig detaillierte und daher aufwändige Aufgabenanalyse zur Erhebung von Rollenbedarfen erheblich abzukürzen, um schnell zu einer ersten Grundordnung an Rollenzuschnitten zu gelangen. Darüber hinaus gelingt es allen Beteiligten aufgrund der stark erlebnisorientierten Vorgehensweise wesentlich besser, sich in die konkreten Geschäftsvorfälle und die damit verbundenen sozialen und emotionalen Rollenanforderungen hinein zu fühlen, als es sonst bei den rein-analytisch ausgeprägten Erhebungsmethoden der Fall ist, die nur auf die funktionalen Rollenbestandteile fokussieren.

Für den Strukturprozess ist es entscheidend, dass die Herangehensweise offen und flexibel ist. In unserem Fall hier wird bereits vorab erörtert, was die Rollen in der Zukunft sein könnten. Normalerweise wird das Rollenspiel als Methode oft erst in der Prototyping-Phase eingesetzt.

Resonanzraum: Macht und Verantwortung

In der Short Version des Resonanzraums »Macht und Verantwortung« fokussieren wir uns auf die sozioökonomische Organisationsperspektive. Wir zerlegen die Entscheidungsmacht und die dahinter liegende Zuordnungsmechanik der Verantwortung, die Mitarbeitenden übernehmen müssen, damit das Unternehmen am Markt erfolgreich ist.

Verantwortung

Annehmen – Übernehmen

Entscheidungsmacht

Ausstatten – Ausbalancieren

Vertrauen

Explizit – Implizit

Idealerweise leitet sich Entscheidungsmacht aus der Verantwortung ab, die man/frau für ein Unternehmen, eine Geschäftseinheit oder einen Aufgabenbereich tragen und wofür sie den notwendigen Handlungsspielraum benötigen, um eben jener Verantwortung gerecht werden zu können. Im Klartext: Verantwortung und Macht sind bei der Strukturbildung kongruent auszugestalten. Ohne Macht ist ein Verantwortungstragender nicht viel mehr als ein zahnloser Tiger. Das Selbstverständnis für eine Verantwortungsleistung und damit für die Machtausprägung leitet sich folgerichtig aus dem Unternehmenspurpose beziehungsweise der Strategie, dem Geschäftsmodell als auch der Kultur als gelebter Essenz aus Werten und Haltungen ab.
Ziel ist es immer, zu einer ausgewogenen Machtbalance zu gelangen und jeglichen Machtmissbrauch vorzubeugen. In der sozialen Machtperspektive geht es um Governance – vereinfacht übersetzt mit Unternehmensführung. Es rekurriert auf ein System aus Checks & Balances, um aus der Pluralität der einzelnen Akteure und Akteurinnen ein größeres Gemeinsames, ein so genanntes Alignment, herzustellen.

Um Verantwortung arbeitsteilig zu organisieren, bedarf es gegenseitigen Vertrauens. Dieses aber ist implizit, das heißt, jemand muss den ersten Schritt tun und Vertrauen geben. Wenn demzufolge Verantwortungstragende Entscheidungsmacht an andere Verantwortungstragende übergeben, sprich delegieren, brauchen die Übergebenden das Vertrauen, dass die Übernehmenden die Verantwortung tragen können beziehungsweise sich so verhalten werden, wie sich die Verantwortungstragenden selbst verhalten würden.

Formell sind Verantwortungsstrukturen klassischerweise in Organigrammen abgelegt. Dahinter verbirgt sich aber auch eine implizite Schattenwelt. Jeder kennt die Phänomene und Anekdoten, wie die formale Ordnung umgangen werden muss, um mittels »guter Beziehungen« ein Ergebnis zu erzielen. Und jeder hat bereits die Binse gehört, dass die eigentlich Mächtigen in einem Unternehmen die Sekretär:innen und Hausmeister:innen sind, weil sie die entscheidenden Kniffe kennen, um auf »kurzem Dienstweg« etwas zu ermöglichen, was ansonsten an den starren Grenzen und tiefen Gräben der funktionalen Verantwortungsverteilung, die sich bis zu den Mitarbeitenden durchzieht, zum Scheitern verurteilt wäre.

Denn das ist der Preis, der für eine feingliedrig ausdifferenzierte Ausgestaltung einer funktionalen Organisation zu zahlen ist: durch ihre Tendenz zur sauberen Abgrenzung von Organisationseinheiten droht sie immer das Gefühl für den ungehinderten Fluss der Arbeit zu verlieren. Sowie eine zu einseitige Fokussierung auf die soziale Machtperspektive Gefahr läuft, Governance-Leviathane hervorzubringen, die zum fortwährenden Stillstand führen können.

Purpose, Strategie, Geschäftsmodell und Unternehmenskultur definieren unter anderem auch das Machtprofil einer Führungskraft, die Verantwortung übernimmt. Wir überprüfen diese Zusammenhänge und klären, ob und wie die Führungsperson dazu passt? Eine ausgewogene Machtbalance beugt Machtmissbrauch vor. Welches Alignment ist im Unternehmen ausgeprägt?

Resonanzraum: Bedürfnis und Identität

Im Short Cut des Resonanzraums »Bedürfnis und Identität« beschäftigen wir uns mit der organisationspsychologischen Codierung. Es geht um die Schnittstelle der organisationalen sowie menschlich-individuellen Bedürfnisse.

Selbstwirksamkeit

Individuum – Organisation (Anforderung, Erwartung)

Status

Selbst erleben – Andere erwarten

Heimat

Zugehörigkeit – Selbstüberzeugung

Kurzimpulse

- Jay Galbraith, Diane Downey, Amy Kates:
  Designing Dynamic Organizations
  Rollenfokus und laterale Fähigkeiten
- Bernd Oestereich, Claudia Schröder:
  Agile Organisationsentwicklung
  Kreisorganisationsmodelle und systemische Ideen zur
  Entwicklung sozialer Systeme
- Edward E. Lawler III, Christopher G. Worley:
  Management Reset
  Strukturvarianten für nachhaltiges Management

Im Deep-Out zu »Verantwortung & Struktur« erhalten wir eine konzentrierte Zusammenfassung, sozusagen unsere Essenz. Wir wollen Ihnen hier weitere Inspirationsquellen und Orientierungsperspektiven anbieten. Sieben stabile Erkenntnisse aus der Praxis.

Deep-Out

Deep-Out 1: Das Momentum entscheidet

Für Unternehmen gibt es keine letztgültige Organisationsform, sondern nur eine zum gegebenen Zeitpunkt bestmögliche Variante. Der Augenblick, das Momentum entscheiden. Wer demnach schnell auf »Neues« reagieren will, muss sich einem harten Wettbewerb stellen. Die Ironie dieses Pontons besteht darin, dass es viel weniger um die Form des Organisationsgebildes geht als um die prozessuale Gestaltungsaufgabe der fortwährenden Formgebung.

Deep-Out 2: Vom »Außen« und »Innen«

In stabilen Umwelten neigen Organisationsstrukturen zu einer vertikal-pyramidalen Hierarchieausprägung. Die Entscheidungs- und Deutungshoheit kann klar entlang der Kaskade von oben nach unten heruntergebrochen werden. Die Verhaltenserwartungen an die einzelnen Akteure und Akteurinnen lassen sich mittels Funktionsbeschreibungen beziehungsweise Stellenprofile verbindlich festlegen, sodass man auch von Handlungsprogrammen spricht. Dies ermöglicht eine gute Skalierung der Organisationsbereiche (es braucht nur wenige in den höheren Etagen, die für die vielen in den unteren Etagen die Entscheidungsverantwortung in Bezug auf Unvorhergesehenes übernehmen).

In instabilen Umwelten ist eine schnelle Auswertung unterschiedlichster Informationsquellen, eine wiederkehrende Neu-Bewertung der daraus resultierenden Entscheidungsnotwendigkeiten sowie eine direkte Umsetzung der Veränderungsbedarfe notwendig. Dafür ist eine vertikal-pyramidale Hierarchiekaskade minder gut ausgeprägt, weil sie aufgrund der zu langen Kommunikationswege von unten nach oben zu Informationsverlusten sowie Entscheidungs- beziehungsweise Umsetzungsverzögerungen führt. Hier sind laterale Entscheidungshierarchien innerhalb kleinerer, sich stärker selbst steuernder Teamstrukturen besser geeignet (es braucht die am besten Informierten und Kompetenten, die für die anderen in die Entscheidungsführung gehen).

Deep-Out 3: Fließende Übergänge

Damit einher geht eine Schwerpunktverlagerung weg von der stärker strukturell-orientierten Stabilität hin zur prozessual-orientierten Fluidität. Die Bindungen des Organigramms werden geringer, die Fliehkräfte der Rekonfigurierbarkeit größer. Der notwendige Zusammenhalt innerhalb lateral-geprägter Strukturen entsteht nicht zuletzt durch eine intensivere Vernetzung mithilfe der anderen Pontons, etwa »Kultur & Führung« oder »Orientierung & Selbststeuerung«.

Deep-Out 4: Modell-Mix

Auf diese Weise gelingt es Unternehmen, auch in hybriden Organisationsgebilden zu funktionieren. Denn dass es innerhalb eines Unternehmens Arbeitsbereiche mit eher stabil geprägten Arbeitsinhalten gibt, gleichzeitig nebenan in einem anderen Arbeitsbereich hoch dynamisch agiert werden muss, ist inzwischen viel häufiger die Norm als die Ausnahme. Was wiederum Spannung zwischen den Arbeitsbereichen und damit für das gesamte Unternehmensgebilde erzeugt. Diese Spannung kann konstruktiv gelebt werden, in dem zum einen zwischen den strukturellen Eigenheiten jener Arbeitsbereiche organisatorische Brücken, sprich: verbindende Elemente eingezogen werden (in dem gleichrangige und gleichwertige Koordinationsbeziehungen zwischen Stelleninhabenden auf der einen Seite (stabiler Arbeitsbereich) und Rolleninhabenden auf der anderen (dynamischer Arbeitsbereich) etabliert werden. Zum anderen wird die strukturelle Spannung mithilfe anderer Pontons moderiert, beispielsweise, in dem ein Performance Management-System nach übergeordneten Prinzipien installiert wird, die für alle Arbeitsbereiche gleichermaßen gelten und gleichzeitig in Bezug auf die Frequenz der Steuerungsintervalle Flexibilität ermöglichen (um den unterschiedlichen Stabilitäts- beziehungsweise Dynamikbedürfnissen gerecht zu werden). So wird das gesamte Unternehmensgefüge elastisch und resilient und vermag mit unterschiedlichsten Umweltbedingungen im Einklang zu operieren.

Deep-Out 5: Rollen statt Stellen

Unterschiedliche Rollen beinhalten unterschiedliche Verantwortungsbereiche. In Kontexten geteilter Führung wird die klassische, vertikale / status-orientierte Führungsposition in ihre diversen Verantwortungsbereiche dekonstruiert, das heisst in Rollen untergliedert. Analog wird mit den anderen Positionen verfahren: den Expert:innen, den Projektleitenden, den Mitarbeitenden etc.

Das Herunterbrechen auf dieses geringere Aggregationsniveau (Rolle ist kleinteiliger als Stelle) erlaubt es wiederum, neue Muster der Zusammenarbeit auszuprobieren und zu etablieren (etwa den Übergang von der vertikalen / status-orientierten Führungsposition in die drei Rollen: Produktverantwortliche, Prozessverantwortliche und People-Verantwortliche). Im Sinne des Prinzips der Arbeitsteilung / Koordination gilt es nun, die lateralen wie vertikalen Kommunikationsbeziehungen neu zu bestimmen, um daraus formelle / stabile Strukturen wie Gremien und Kreise oder informellere / losere Strukturen wie Communities zu formen, um die Austauschbedarfe zu koordinieren.

Deep-Out 6: Verantwortung liegt in der Rolle

Aufgrund des kleinteiligeren Aggregationsniveau der Rolle begegnen sich in diesen Austauschstrukturen keine »hochaggregierten Führungspositionen«, sondern »spezifische Rollenverantwortungen«. Um nun Kommunikation erfolgreich zu gestalten, ist ein klares Rollenbewusstsein beziehungsweise ein konsequentes rollenadäquates Verhalten unabdingbar. Das kleinteiligere Aggregationsniveau ermöglicht außerdem eine größere Bandbreite an hierarchischen Beziehungen. Hierarchie ist eine stufenmäßig auf Überordnung und Unterordnung beruhende Ordnung, die auf Herrschaft und Unterwerfung aufbaut.

Die Elemente dieser Ordnung sind in Reihung nach Bedeutung für die Entscheidungsmacht, Kompetenzen und Rang positioniert (siehe Wikipedia). Daraus ergibt sich, dass ich mich in Wahrnehmung meiner Rolle A zu einem Zeitpunkt T1 der Rolleninhabenden B unterordne, während ich der gleichen Person aber in ihrer Rolle C zum Zeitpunkt T2 eine Anweisung erteile. Das Rollengeflecht kann damit deutlich passender den komplexen Umweltbedingungen angepasst werden, die situativ mehr hoch-adaptiver Entscheidungsstrukturen bedürfen als klassische Stellenkonstrukte.

Damit ist aber auch gesagt, dass die Hierarchiedichte insgesamt zunimmt, was mit der Mär aufräumt, dass etwa agile Strukturen hierarchielos seien. Auch der Begriff der flachen Hierarchien ist tendenziell irreführend, weil er häufig mit einem »Weniger« an Hierarchie missverstanden wird. Zunehmende Hierarchiedichte kann nur dann effizient bewältigt werden, wenn einerseits die prozessualen Steuerungs- und Koordinationsmechanismen hochgradig effizient ausgestaltet sind (mithin die Kommunikationsbeziehungen). Und andererseits die Rolleninhabenden über die notwendigen Kompetenzen verfügen.

Die Besetzung von Rollen kann nach unterschiedlichen Verfahren erfolgen. Es kann auch mehr als ein Verfahren zur Anwendung kommen, um den unterschiedlichen Spezifika der einzelnen Rollen zu entsprechen. Das Gleiche gilt für die Dauer der Besetzung, die ebenfalls in Passung zum Wesen der einzelnen Rollen festgelegt werden kann.

Deep-Out 7: Der Faktor Mensch

Welchen Platz jemand in der Organisation einnimmt, ist für viele Menschen ein zentraler Stabilitätsanker, der sich mit dem eigenen Identitätsverständnis rückkoppelt (der Platz im Organigramm steht metaphorisch für die Heimat des Individuums in der Unternehmung). Daher sind Veränderungen an Organisationsstrukturen häufig emotional bedeutsamer für die Menschen als andere Veränderungsarten. Daraus entsteht die spezifische Herausforderung, dass Menschen eigentlich gerne zu Beginn einer Veränderung wüssten, welches Kästchen im Organigramm zukünftig für sie reserviert sein wird. Aus prozessualer Perspektive gibt es hingegen meist erst andere Aufgaben zu erledigen (beispielsweise die Überarbeitung des Produktportfolios und der dafür notwendigen Produktions- und Bereitstellungsprozesse). Dies löst ein spezifisches Spannungsproblem aus. Hinzu kommt, dass der Prozess der fortwährenden organisationalen Formgebung das Gefühl einer permanenten Unruhe und Instabilität und damit andauernden emotionalen Stress erzeugt.

Ultimativ kann diese Spannung nicht gelöst werden, denn sie steht synonymisch für Leben. Leben bedeutet fortwährende Anpassungsleistung. Eine vollständig einseitige Ausrichtung auf Stabilität wäre nicht mehr lebensbejahend. Gleichermaßen gilt es zu würdigen, dass fortwährende Anpassung eben auch eine Leistung und mithin einen Energieaufwand darstellen. Diese Leistung kann verschwendungsarm und ressourcenschonend erfolgen – aber auch kräftezehrend und auf Dauer auslaugend.

Die wenigsten Strukturausprägungen sind darauf ausgerichtet, dass sie sich tatsächlich ständig selbst erneuern, weil sie allzu häufig nach Prinzipien des Machterwerbs und -erhalts erfolgen. Je besser es gelingt, die Flussrichtung von Arbeit in den Vordergrund der Strukturbildung zu rücken, desto leichter gehen einem die Anpassungen von der Hand. Damit fokussiert Strukturbildung vornehmlich auf die Beseitigung von koordinativen Hindernissen als auch die Überwindung von arbeitsteiligen Gräben und Lücken mittels verantwortungsnährender Vernetzung und Brückenbau. Wie wir alle wissen: Wasser findet immer seinen Weg.

PROZESSE & METHODEN

Willkommen. Um aus den Bedürfnissen von Kund:innen am Markt nachgefragte Produkte und Dienstleistungen zu schaffen, muss eine Frage in den Fokus rücken: Wie fließt Arbeit von Hand zu Hand?

Effiziente Schnittstellen zwischen Verantwortungs-bereichen. Verflüssigung und Stabilisierung. Effektive Methodenauswahl, konkrete Zieldefinition.

Unternehmen gehen mit uns dorthin, wo die eigentliche Arbeit stattfindet. Abschließend zehn grundsätzliche Deep-Outs als Inspirationsquellen. Zum Mitnehmen.

Dock-In

Dock-In 1: Gemeinsame Entwicklung

Die Personalfunktion eines Großkonzerns wird als reines Cost Center gesehen, das es zu optimieren gilt. An die Stelle einer individuellen Betreuung von Führungskräften und Mitarbeitenden durch dezentrale Personaler vor Ort tritt ein zentralisiertes Personal Service Center, das hohe Effizienzsteigerungen durch standardisierte und workflow-basierte Self Services realisiert. Bei der nächsten Mitarbeitendenbefragung stürzt die Zufriedenheitsquote mit der Personalfunktion dramatisch ab. Wie gelingt eine hohe digitale Prozesseffizienz bei gleichzeitig hoher Kundenzufriedenheit?

Dock-In 2: Verklemmt

Im Suezkanal stellt sich ein Güterschiff quer und hebelt damit kurzerhand globale Wertschöpfungsketten aus. Eine Logistikmanagerin eines ostwestfälischen Bad-Ausstatters fragt sich, wie sie nun an die benötigten Wasserhähne, Waschbecken und Toiletten rankommt, die sich derweil in einem Hafen in Fernost stapeln. An welchen Stellschrauben dieses weit verzweigten Logistikprozesses kann sie drehen, um ihre Kund:innen schneller mit den benötigten Gütern zu versorgen?

Dock-In 3: Spielerisch gestalten

Ein Prozessoptimierungsprojekt eines mittelständischen Chemie-Unternehmens gerät ins Stocken. Die Projektmitarbeitenden, die aus allen Bereichen des Unternehmens entsandt wurden, sprechen nicht die gleiche Sprache und reden daher ständig aneinander vorbei. Den einen ist es zu abstrakt, die anderen denken nicht digital genug, und Dritte erschöpfen sich und andere in fachlichen Monologisierungen. Zum nächsten Arbeitstermin werden zwei interne Berater:innen aus der Organisationsentwicklung hinzugezogen, die eine große Kiste Lego-Bausteine mitbringen. Die irritierten Teilnehmer:innen fragen sich, ob sie ernsthaft in einem Workshop mit Lego spielen sollen, um neue Wertschöpfungsketten zu modellieren?

Dock-In 4: Erlebnisse schaffen

Ein Reiseveranstalter spürt nach dem Lockdown ein Wiederauf-
keimen der Nachfrage. Um in kurzer Zeit die benötigten Reisebe-
gleiter:innen aus ihrem temporären Winterschlaf zurückzuholen,
muss der Rekrutierungsprozess auf die neuen Anforderungen
hin optimiert werden. Das Optimierungsteam stellt sich die Frage, mit welchen Methoden sowohl die funktionalen Aspekte des
Prozessdesigns als auch die emotionalen und sozialen Erlebnis-
komponenten gestärkt werden können, um eine optimale Be-
werber:innenauswahl zu gewährleisten?

Dock-In 5: Nutzer:innenzentriert optimieren

Ein stark wachsender schwäbischer Maschinenbauer hat seine
Beschaffungsprozesse optimiert. Über eine zentrale Einkaufsplattform können alle Unternehmensbereiche ihre Bedarfe formulieren und darüber Ausschreibungen für externe Zulieferer
und Dienstleister generieren. Abteilungen wie beispielsweise die
Produktionsplanung sind super happy, weil die Ausschreibungen für Schrauben und andere Kleinmaterialien nun deutlich
effizienter prozessiert werden können. Lediglich die Abteilung für
Betriebsorganisation ist am Murren. Ihre Bedarfe an externen
Beratungsleistungen passen überhaupt nicht in die Ausschrei-
bungsformulare, die für die Bestellung von Maschinenbauteilen
optimiert wurden. Wie ist eine IT-Plattform auszugestalten, die
für die Bedarfe multipler Anwender:innen funktionieren soll?

Dock-In 6: A fool with a tool

Eine regionale Tageszeitung verschläft seit Jahren den Online-
Megatrend. Nach dem Verkauf an eine internationale Medien-
gruppe kommen Berater:innen ins Haus und stellen alle Prozesse auf den Kopf. Die Geschäftsführung hofft, dass es nur ein
Sturm im Wasserglas ist. Neue Methoden funktionieren aber
nur, wenn das Mindset dahinter passt, heißt es in Berater:innen-
kreisen. Gilt deshalb der Spruch: A fool with a tool is still a fool?

Dock-In 7: Mehr Flexibilität

Der Geschäftsführer einer Kette von regionalen Modehäusern

will die Belegschaft auf einen neuen Pfad führen. In der Betriebs-
versammlung hört man völlig neue Töne: Mehr Flexibilität, weniger traditionelle Hierarchien. Führungskräfte müssen einen Teil
ihres Status abgeben, Angestellte mehr Verantwortung übernehmen. An ihrer Stelle sollen selbststeuernde Teams die Prozesse neugestalten. Wie organisiert man neue Prozessabläufe
und ihre dazugehörigen Methoden?

Dock-In 8: **Advocatus Clientii**

Eine Zahnarztpraxis erkennt die zunehmende Macht der Pa-
tient:innen, die sich in sozialen Netzwerken austauschen und
Bewertungen vornehmen. Der Chef ärgert sich über manche
schlechte und will das Urteil zurechtrücken. Dahinter steht die
Frage: Soll man sich einerseits mit den weiterempfehlenden
Kund:innen als auch mit Meinungsmacher:innen und Influen-
cer:innen verbinden? Andererseits heißt es, die Feedbacks für
Optimierungszwecke zu nutzen. Wie schafft man es heute, einen
prozessualen Kreislauf zwischen Klient:innen, Kund:innen und
Patient:innen zu arrangieren?

Dock-In 9: **Mit Visuals sieht man besser**

Die Geschäftsführerin eines mittelständischen Obstsaftherstel-
lers will jenseits ihres Organigramms mehr Verständnis für die
Prozesse und Abläufe in ihrem Unternehmen bekommen. Sie
will neue Wege gehen. Dafür setzt sie neue Visualisierungspro-
zesse ein, die tiefer in die Systeme von Individuen und Gruppen
eindringen. Ihre Überlegung dahinter: Visualisierung kann die
zugrunde liegenden Verbindungen in komplexen Situationen
besser freilegen helfen. Werden, wenn man mit Visuals arbeitet
und kommuniziert, Komplexität und Diversität (be)greifbarer?
Und erleichtern sie damit auch Entscheidungen, Handlungs-
schritte, Prototypen und konkrete Ergebnisse?

Dock-In 10: **Mit Scrum besser informiert**

Agilität ist oft nichts anderes als Flexibilität. Flexibel auf neue
Anforderungen und Veränderungen reagieren. Traditionelle Hierarchien abschaffen. Bei Führungskräften Status reduzieren,

Angestellten mehr Verantwortung übergeben. Mit Scrum bei-spielsweise rücken Teammitglieder näher zusammen, Teams organisieren sich selbst, treffen sich regelmäßig und die Betei-ligten sind besser informiert. Doch dahinter verbirgt sich eine grundlegende Ausgangsfrage: Welche Hürden müssen zuerst genommen werden und können aus veralteten Strukturen plötz-lich agile Arbeitsprozesse werden?

Dock-In 11: Dynamisch und robust

Zwei Probleme kennen Manager:innen und Führungskräfte aus dem Effeff. Erstens das Bürokratiewachstum, das eigendynami-sche Wuchern von Strukturen unabhängig von Effizienz und Bedarf. Und zweitens das Problem der Linie: Je größer die Or-ganisation, desto länger wird der Instanzenweg – und das führt zu einer Verzögerung, Behinderung und Verfälschung des In-formationsflusses. Eines der Gegenmittel lautet: Dezentralisie-rung. Auch der Prozesse und Methoden. Der Managementautor Niels Pfläging fordert deshalb eine »dynamikrobuste Netzwer-korganisation«. Stimmt dabei die Erkenntnis: »Je mehr Organi-sationsmitglieder Sie in den Gestaltungsprozess einbeziehen, desto besser das Ergebnis?«

Dieses Ponton funktioniert wie das Geschwisterchen zu »Pro-dukte & Services« (für jedes Produkt genau einen Erstellungs-prozess) sowie zu »Verantwortung & Struktur« (Ablauf- versus Aufbauorganisation). Die Grundfragen lauten: Wie erbringen wir unsere Leistung? Wie stellen wir unsere Produkte unseren Leistungsempfänger:innen zur Verfügung? Wie produzieren wir in der Logik einer geteilten Verantwortung ein gemeinsames Arbeitsergebnis? Wie gestalten wir effiziente Schnittstellen zwi-schen Verantwortungsbereichen? Welche Methoden werden eingesetzt? Mit welchem Ziel?

Wir erkunden drei Resonanzräume: »Vom digitalen Lauf der Dinge«, »Vernetzte Wertschöpfungsketten« und »Small is beau-tiful«. Nicht umsonst heißt dieses Ponton Prozesse UND Metho-den, denn der Fokus liegt auf Zusammenarbeit. Innerhalb einer

Vorgehensweise schauen wir immer wieder darauf, wie die einzelnen Akteure und Akteurinnen (Kund:innen und Dienstleister:innen, Abteilung A mit Abteilung B, Akteurin Susi mit Akteur Gunter etc.) besser zusammenarbeiten können, das heißt wir schauen auf das WIE der Zusammenarbeit und auf die zugrundeliegenden Interaktionsmuster, um gemeinsam Werte zu erwirtschaften.

**Resonanzraum:
Vom digitalen
Lauf der Dinge**

In der Long Version des Resonanzraums »Vom digitalen Lauf der Dinge« machen wir uns noch einmal klar, dass Prozesse Sicherheit geben, Orientierung vermitteln und die Art und Weise der Zusammenarbeit regeln.

Der Prozessbegriff bezieht sich – gemäß seiner ursprünglichen Herkunft aus dem Rechtssystem – auf die formal beschriebene Ordnung einer Ablauforganisation. Damit bildet er die Grundlage für Compliance, Automatisierung und viele weitere Anforderungen modernen Wirtschaftens. Vorgänge in einem Unternehmen, die vorwiegend administrativer Natur sind, lassen sich gut als Geschäftsprozesse beschreiben. Sobald aber der Weg zwischen genau einem Anfang und genau einem Ende instabil wird, sobald die Beziehung zwischen genau definierten Inputs und Outputs vielfältig wird, das heißt, sobald die zentralen definitorischen Stützpfeiler einer Prozessarchitektur ins Wanken geraten, wie das insbesondere bei kreativen Wertschöpfungsprozessen der Fall ist, desto eingeschränkter sind die Möglichkeiten einer klassischen Geschäftsprozessmodellierung. Bestimmende Parameter sind hier der Vernetzungsgrad (Maß für die Anzahl vernetzter Aktivitäten beziehungsweise Akteure und Akteurinnen) sowie die Veränderlichkeit der Vernetzung (zeitliche Stabilität der Prozessbeschreibung). Je höher beide sind, desto stärker gelangt der Prozessbegriff an seine Grenzen. Mit anderen Worten, vieles, was in Unternehmen als Arbeit funktioniert, ist nicht in Form von Prozessen formuliert. Trotzdem sollte es gemäß einer gewissen inneren Logik bearbeitet, das heißt, es sollte methodisch vorgegangen werden.

Laut *Wikipedia* ist eine Methode ein »auf einem Regelsystem aufbauendes Verfahren zur Erlangung von (wissenschaftlichen) Erkenntnissen oder praktischen Ergebnissen«. Damit ist eine Methode mehr als nur eine reine Vorgehensbeschreibung. Das Mehr drückt sich im Sinne der zugrundeliegenden Haltung, der damit verbundenen Intention etc. aus. Deswegen heißt es beispielsweise auch nicht Design Processing, sondern Design Thinking, um dem Wesen dieser Methode auch sprachlich gerecht zu werden. Die Auswahl der Methode bestimmt letztlich auch das Prozesserlebnis, wie sich gut an Verfahren wie Six Sigma versus Design Thinking erkennen lässt.

Prozesse können auf unterschiedliche Art und Weise betrachtet, beschrieben und ausgestaltet beziehungsweise gemanagt werden. Mit anderen Worten: Sowohl das Prozesssystem als Ganzes folgt einer gewissen Methode als auch Methoden können an einzelnen Stellen des Prozesssystems zur Anwendung gelangen. Vereinfacht ausgedrückt lässt sich sagen, dass ein Prozess die formal abgebildete Ordnung beschreibt, während eine Methode für eine bestimmte (systematische) Vorgehensweise steht.

Die Welt der Vorgehensweisen kennt viele vermeintliche Gegensatzpaare, zum Beispiel
* Prozessuale Eindeutigkeit / Vorgaben versus Logik der Zusammenarbeit;
* Algorithmus versus Heuristik;
* Fluide versus stabil;
* Planbarkeit / Sicherheit / Verbindlichkeit versus Ergebnisorientierung;
* Wasserfall versus agil;
* Standardisierung versus Vielfalt;
* Prozess versus Customer Journey.

Die Realität ist, dass heutzutage aus einer Gegensätzlichkeit eine Gleichzeitigkeit zu gestalten ist, die gerne als Hybrid bezeichnet wird. Das Wissenstrichter-Modell von Roger Martin bietet hierfür eine erste Orientierung. Die folgende Abbildung zeigt, wie Informationen von außen eintreffend mittels Wissens und Know-how im Unternehmen über bestimmte Prozesse und Methoden geordnet werden. Solange sich diese Informationen als unverbunden und ungeordnet darbieten, betrachtet die Organisation ihre Umwelt als Mysterium. Rätselhafte Wirklichkeiten. Die drei Grundmodi der Erkenntnisgewinnung – induktiv, deduktiv und abduktiv – kommen zum Einsatz, um ein erstes Verstehen zu ermöglichen. Welches Produkt könnte ein Angebot für die im Markt wahrgenommenen Bedürfnisse darstellen? Welche Anpassungsleistungen sind notwendig, um auf die in der Umwelt wahrgenommenen Veränderungen zu reagieren? Es geht um das Finden einer validen Antwort. Werden diese Einzelteile heuristisch bewertet und gewürdigt, findet eine erste Ordnung des Beobachtens statt. Durch die Festsetzung bestimmter Annahmen wird Wirklichkeit synthetisiert. Nun gilt es, die einmal gefundenen Antworten verlässlich zu reproduzieren beziehungsweise sie im Hinblick auf die Vielfalt der Gegebenheiten zu systematisieren, um eine Skalierbarkeit der Unternehmung zu erreichen. Das Unternehmen wechselt den Vorgehensmodus – von den Heuristiken einer Lösungsfindung zu den Algorithmen der Lösungsbereitstellung: Algorithmen legen aus den Daten- und Informationssätzen bestimmte Muster und Strukturen fest. Das Wissen wird systematisiert. Die Wahrheiten werden gewisser und selbstverständlicher, im wahrsten Sinne des Wortes verlässlicher. Das Unternehmen strukturiert die Abläufe und organisiert dadurch seinen Aufbau. Prozesse und Methoden greifen ineinander.

Fallbeispiel: Strategiekaskade

Ausgangsposition

Ein Geschäftsbereich eines Versorgungsunternehmens hat ein Strategieentwicklungs- und -umsetzungsprogramm aufgesetzt (vgl. Ponton »Orientierung & Selbststeuerung«).

Wie tun wir das?

Die Bereichsleitung entscheidet sich für ein hybrides Vorgehensmodell, das bewusst klassisch-exploitative mit agilen-explorativen Vorgehensweisen zu integrieren versteht, um den unter-

Wissenstrichter
**Wie Geschäft
gestaltet wird**

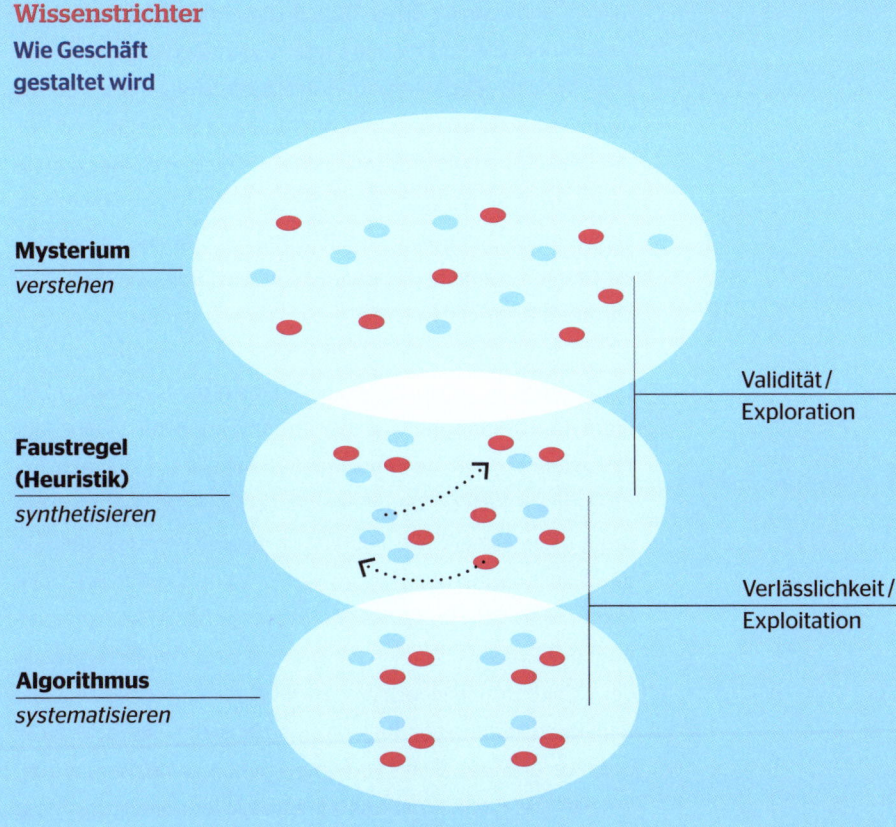

Mysterium
verstehen

Validität /
Exploration

**Faustregel
(Heuristik)**
synthetisieren

Verlässlichkeit /
Exploitation

Algorithmus
systematisieren

schiedlichen Anforderungen bestmöglich gerecht zu werden. Denn für einige strategische Fragestellungen sind die Antworten bereits bekannt und diese sind lediglich systematisch zu implementieren. Wohingegen für andere strategische Herausforderungen noch wenig absehbar ist, welche Anpassungsleistungen der Geschäftsbereich vollziehen wird – diese gilt es erst noch zu bestimmen.

Die Unterschiedlichkeit der Vorgehensweisen besteht nicht zuletzt darin, dass sich die Laufzeiten dieser Typologien unterschiedlich darstellen können. Bei agilen Projekttypologien werden die zu bearbeitenden Aufgaben in der Regel in Form von

Sprints und mithilfe eines Time-Boxing-Ansatzes vorangetrie-ben, in dem die Sprint-Länge fest vorgegeben ist (etwa 2-Wo-chen-Sprints). Bei klassischen Projekttypologien werden die Aufgaben beispielsweise mit der Methode des Kritischen Pfa-des zeitlich sortiert und orchestriert, sodass sich hier andere Laufzeitmuster herausbilden können. Diese Variabilität gilt es, sich in einem hybriden Vorgehensmodell bewusst zu machen und entsprechend aktiv zu steuern, etwa durch geeignete Syn-chronisationsmechanismen.

Die Strategieverantwortlichen bestimmten dafür passende For-mate und Methoden auf der Programmebene versus der Projektebene. Auf der Programmebene wird mit einem ge-meinsamen Kick-off begonnen. Er verfolgt das Ziel, das Pro-gramm gemeinsam einzuläuten und die weitere Ausgestaltung der Details gemeinsam anzugehen. So ist beispielsweise die im Ponton »Orientierung & Selbststeuerung« beschriebene Ablei-tung der Organisationalen Fähigkeiten sowie die Bestimmung der Veränderungshebel hier verortet. Neben dieser inhaltlichen Aufladung kommt dem Kick-off eine planerische Aufgabe zu, in dem das grundsätzliche Vorgehensmodell gemeinsam ausge-arbeitet und damit für alle Akteure und Akteurinnen beauftragt wird.

Für das Fortschrittsmonitoring bietet es sich an, regelmäßig jene Programmakteure und -akteurinnen im Rahmen eines Boxen-stopps zusammenzubringen, die hauptsächlich mit der Umset-zungsverantwortung betraut sind, beispielsweise die Verant-wortlichen für die einzelnen Handlungsfelder beziehungsweise Projekte. Im Boxenstopp wird das gemeinsam Erreichte gewür-digt, zentrale Lernerfahrungen und Erkenntnisse ausgewertet und für das weitere Vorgehen nutzbar gemacht sowie die an-stehenden Projektvorhaben abgestimmt.

Um den unterschiedlichen Projekttypologien bestmöglich ge-recht zu werden, empfiehlt es sich, in der Runde der Agilen Coaches und Projektleiter:innen auf monatlicher Basis eine kur-

Kick-Off

Hybride Vorgehensweise

**Synchronisationsmechanismen
zwischen Programm- und
Projektebenen**

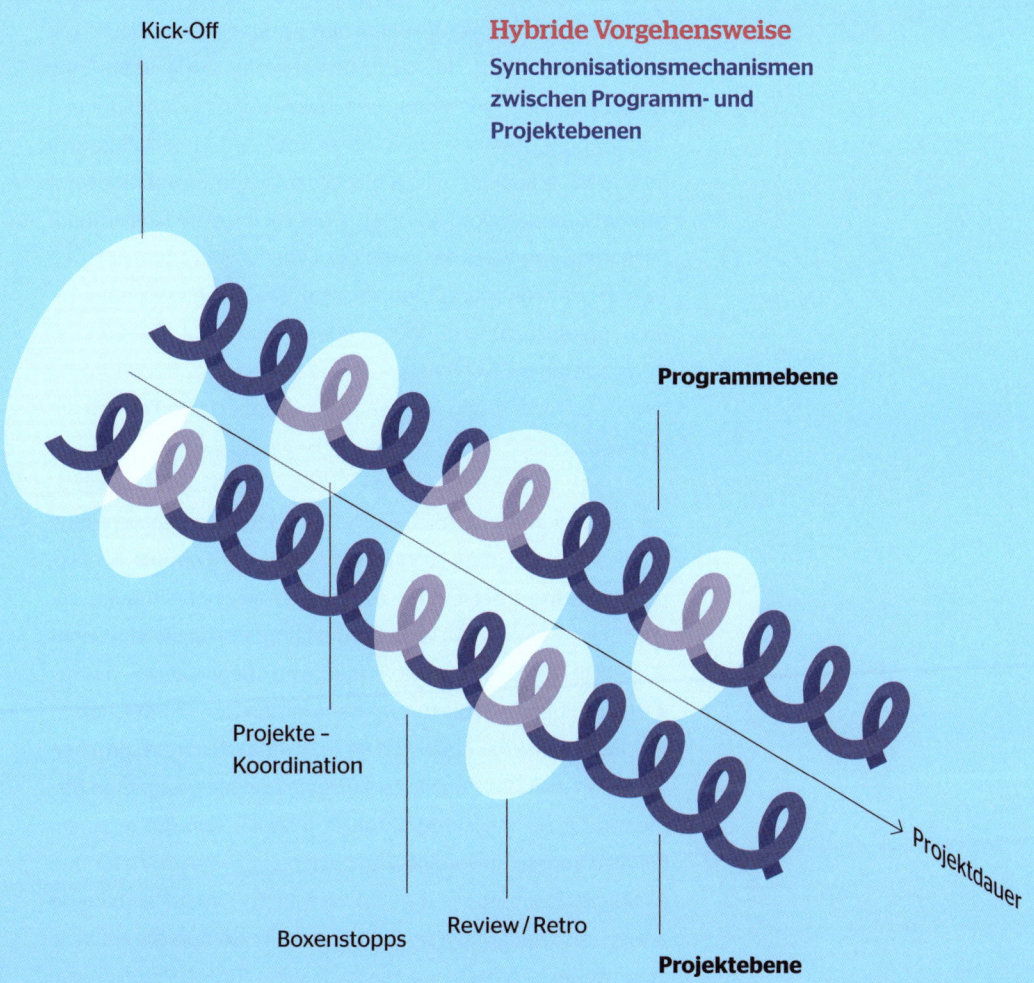

Programmebene

Projekte –
Koordination

Projektdauer

Boxenstopps

Review / Retro

Projektebene

ze Projektekoordination vorzunehmen, um insbesondere Kapazitätsbedarfe und Ressourcenverschiebungen zu klären, denn die Strategieumsetzung konkurriert natürlich fortwährend mit den Regelaufgaben des Geschäftsbereichs. Daher dient eine wiederkehrende Synchronisation sowohl der programminternen Abstimmung zwischen den agilen und den klassischen Projekttypen als auch der Koordination zwischen Umsetzungsprogramm und dem Regelbetrieb. Daher kann eine (rollierende) Teilnahme von Vertreter:innen der Linienorganisation einer effizienten Abstimmung dienlich sein. Das Programmbüro für Strategieumsetzung (SPMO) wiederum nutzt Jourfixes (in der Regel alle ein bis zwei Wochen) für die eigene Koordination und um die Unterstützung aller anderen Gruppen und Formate zu orchestrieren.

Da das Programm verschiedene Projekttypologien vereinigt, bietet es sich an, dass Turnus und Modus der Formate auf Projektebene spezifisch auf die Bedarfe der einzelnen Projekte zugeschnitten werden. So ist sichergestellt, dass – anstatt mit einer »One-size-fits-all«-Logik alle Projekte zu »beglücken« – mit bedarfsorientierten Projektvorgehensweisen den differenzierten Anforderungen der einzelnen Projekte tatsächlich entsprochen wird. Die Grundformen dieser Formate und die geeigneten Methoden für die Projektdurchführung lassen sich gut in einem initialen Bootcamp vereinbaren beziehungsweise die dafür notwendigen Kompetenzen initial vermitteln. Darauf aufbauend erfolgt eine bedarfsweise, kontinuierliche Kompetenzentwicklung. Weitere Formate wie beispielsweise Reviews, Retros und so weiter ergänzen das Gesamtvorgehen. Diese werden sinnvollerweise zu Programmbeginn mit allen Beteiligten abgestimmt beziehungsweise bedarfsweise in den Vorgehenskanon aufgenommen, sobald sich der Bedarf dafür ergibt.

Längst haben Prozesse und Methoden die analoge Welt verlassen. Nach der Automatisierung von Arbeitsschritten und Vorgehensweisen kam deren Digitalisierung. Und damit nicht nur neue Möglichkeiten, sondern auch Herausforderungen.

66 Wir müssen lernen, dass IT und Business immer untrennbarer miteinander verbunden sein werden. Nicht nur technisch, sondern auch vor allem in der Art der Zusammenarbeit. Sätze wie: ›Dafür ist die IT zuständig‹ müssen der Vergangenheit angehören. Die IT wird zum Enabler für das Business, das bedeutet für beide Seiten eine veränderte Rolle. Aus eng gesteuerten Projektteams werden autonom agierende Produktteams die interne oder externe Kunden haben. Oft werden diese Produktteams aus IT- und Business-Menschen zusammengesetzt sein. Das setzt ein engeres Verständnis für die jeweils andere Seite voraus. Meiner Erfahrung nach entsteht das leichter wenn man entsprechend Produktstrukturen schafft da hierdurch ein gemeinsames Ziel geschaffen wird. Autonomie und agile Arbeitsweisen befördern diesen Wandel weiter. **99**

Michael von Roeder, Group CDO and CIO at Elia Group, Member of the Group Management Board

Fallbeispiel: Terminvereinbarung

Ausgangsposition
Die Gaswerke einer deutschen Großstadt müssen in regelmäßigen Abständen die Zähler in Häusern und Wohnungen auswechseln. Früher wurden dafür auf Handzettel verteilt Terminfenster zwischen 9 und 17 Uhr angeboten. Just in dem Zeitraum, in dem viele Berufstätige nicht zuhause sind, um die Dienstleistung wahrzunehmen. Die Folge: Zahllose Schneiderfahrten. Ein mysteriöser Service, wenig valide. Und hochgradig ineffizient.

Wie tun wir das?
Heute werden Kund:innen über einen QR-Code auf eine Terminvereinbarungsseite im Internet geführt. Für Wunschtermine werden Zeitfenster im Halbstundentakt vergeben. Zusätzlich kann man dort weitere Fragestellungen rund um den Gasanschluss platzieren. Probleme und Fragen werden synthetisiert und im besten Fall systematisiert. Es können bestimmte Reaktionsmuster zu Fragestellungen definiert werden. Die Folge: Zielgenaue Kund:innenfahrten. Ein verlässlicher Service, der die Bedürfnisse systematisiert.

**Resonanzraum:
Vernetzte
Wertschöpfungs-
ketten**

In der Short Version des Resonanzraums »Vernetzte Wertschöpfungsketten« erkennen Unternehmen, dass Vernetzung dort stattfindet, wo Grenzen überwunden werden: zwischen zwei Menschen, zwischen zwei Teams oder Organisationsbereichen, zwischen ganzen Unternehmen sowie nicht zuletzt zwischen Wirtschaftsräumen. Mit Bezug auf Wertschöpfungsketten hat Vernetzung auch immer eine prozessuale Komponente, denn der Output eines Wertschöpfungstragenden wird zum Input des nächsten, sowie eine methodische, wenn es um die Art der Schnittstellengestaltung geht. Damit bezieht die methodische Perspektive auch die menschen-, maschinen- beziehungsweise IT-basierte Ausgestaltung der Leistungserstellung mit ein.

Prägnantes Beispiel für die Integration von Mensch, Maschine und Methoden ist ein typisches Amazon Fulfilment Center, also der Ort, an dem ein durch ein Klicken auf eine Schaltfläche im Internet ausgelöster Auftrag auf seine physische Repräsentation trifft, nämlich das gekaufte Produkt, das es nun an die Bestellerin, den Besteller auszuliefern gilt. So ein Fulfillment Center ist in der Lage, mehr als eine Million Artikel pro Tag umzuschlagen. In den USA beherbergt Amazon mehr als 900 dieser Einrichtungen. Die Kombination aus Software und Maschine, sprich Algorithmus und Robotik, ist der entscheidende Effizienzermöglicher eines solchen Logistikwunders. Was sich nicht zuletzt in menschlichen Dimensionen ausdrückt: Aufgrund des Einsatzes von Maschinen und IT konnte binnen weniger als zehn Jahren die Führungsspanne einer Führungskraft verdoppelt werden, das heißt auf jeden Supervisor kommen mehr als 20 Frontline Worker. Was sich nicht immer positiv auf das Arbeitserlebnis der Mitarbeitenden eines Lagerhauses auswirkt, wie Kritiker:innen bemerken. Denn diese bekommen ihre Aufträge, Produktivitätsziele und ihr Leistungsfeedback immer häufiger nicht mehr von ihrer Führungskraft, sondern direkt vom Algorithmus. Und selbst die Entlassungsemail ist ohne Unterschrift gültig, weil auch sie automatisch erstellt wurde.

Damit wiederholt Amazon im Innenverhältnis letztlich nur, was es an der Schnittstelle zu den Kund:innen bereits vorher im großen Stil erprobt hat: Wo früher Redakteure und Redakteurinnen Bewertungen und Empfehlungen für Bücher verfasst haben, leisten dies nun Data Mining Algorithmen, die das Kaufverhalten der Amazonkund:innen penibel auswerten. Die Stärke von Unternehmen wie Amazon liegt gerade darin, diese Erfolgsmuster auf die gesamte Wertschöpfungskette auszudehnen: von der Auftragseingangsverarbeitung bis zur Güterauslieferung – überall gewährleisten Algorithmen eine höher-wertigere und konsistentere Leistungserstellung als es Menschen möglich zu sein scheint. Natürlich bestätigen Ausnahmen die Regel. Legendär ist eine frühe Version einer Logistik-Software, die eine Aufspaltung von Menschen empfahl, damit ein Teil eines Menschen an einem Ort und ein anderer Teil an einem anderen Ort Waren aufgabeln und verpacken konnte. Ein bis dato menschlich ungelöstes Problem.

Fallbeispiel: Plattformökonomie

Plattformen stellen eine besonders effiziente Form prozessual-methodisch vernetzter Wertschöpfungsketten dar, weil sie fünf Vorteile bieten:

1. Echtzeit-Effekt: Plattform-Unternehmen können ihre Dienstleistung in »Echtzeit« weltweit an die Verbraucher:innen distribuieren. Beispiel: Airbnb. Musste man früher Kleinanzeigen in Zeitungen studieren oder Bekannte fragen, um eine günstige, private Unterkunft in einer anderen Stadt zu finden, so gibt es dafür jetzt eine Anlaufstelle. Mithilfe vieler Daten gleicht sie die Wünsche einer Nachfragerin mit den Vakanzen aller Anbieter:innen ab und spuckt passende Kombinationen aus. Werden sich beide Partner:innen einig, kommt ein Geschäft zustande, das so vorher kaum möglich war.

2. Lock in-Effekt: Je mehr Leistungen ein Unternehmen auf seiner Plattform anbietet, desto weniger Gründe haben Nutzer:innen, die Seite zu wechseln. Sie sollen »eingeschlossen« werden. Das passiert online, etwa bei Google, das längst nicht nur eine

Suchmaschine anbietet, sondern auch Text- und Tabellenverarbeitungen, Browser, Mail-Service und Werkzeuge, die einem helfen, über große Entfernungen an gemeinsamen Dokumenten zu arbeiten. Diese in sich geschlossene, nicht mit anderen Plattformen kompatible Service-Welt wird zunehmend auf digitale Endgeräte ausgeweitet. Im Hintergrund analysieren die Plattform-Provider die Transaktions- und Kommunikationsbeziehungen ihrer Kund:innen, legen Nutzer:innenprofile an und beginnen so nach und nach zu verstehen, wie sich die einzelnen Kund:innen verhalten.

3. Datenhoheit-Effekt: Sie ermöglicht es, den Service vom Produkt zu entkoppeln. Airbnb besitzt keine einzige Immobilie, ist trotzdem der größte Zimmer- und Wohnungsvermittler der Welt.

4. Standardisierung-Effekt: Sind Service und Marke etabliert, standardisieren Plattformen ihre Software-Schnittstellen, API genannt, um sich für Partner:innen zu öffnen und eine Zusammenarbeit nach dem immer gleichen Muster abzuwickeln. Sie streben an, in weitere Lebensbereiche vorzudringen, die Spielregeln einer Branche zu bestimmen und den »Lock in«-Effekt zu verstärken.

5. Co-Creation-Effekt: Damit ist gemeint, dass Drittanbieter ihre Leistungen über die Plattformen an die Plattform-Kund:innen anbieten und vertreiben sowie ein gemeinsames Angebot »kreieren«. Wer bei Amazon bestellt, kennt das: Neben der Neuware, die aus dem Amazon-Lager stammt, verkaufen kleinere Händler:innen gebrauchte Bücher oder CDs. Amazon holt sich damit potenzielle Konkurrenz ins eigene Haus, kassiert von den Partner:innen eine Servicegebühr und stärkt seine Marktposition. Die neuen Partner:innen sind kaum noch als eigenständige Unternehmer:innen erkennbar. Das Gleiche erreicht Apple mit seinem App-Store. Der Konzern stellt die Reichweite seiner Plattform zur Verfügung – und kleinere Firmen und Selbstständige füttern sie mit ihren Programmen in der Hoffnung, mithilfe von Apple ein Stück vom globalen App-Kuchen abzubekommen. In den vergangenen Jahren haben sich vor allem zwei grundlegende Modelle von Plattform-

Unternehmen herausgebildet: einerseits die sogenannte Sharing-Economy, in der Nutzer:innen ihre Wohnungen (Airbnb, 9flats), Haushaltswaren (Leihdirwas, Peerby) oder private Autos (Drivy, Snappcar) teilen. Und andererseits die »On-Demand-Economy«, bei der Händler:innen Produkte verschicken (Amazon) und Dienstleistungen wie Fahrgelegenheiten vermitteln (Uber, BlaBlaCar).

Damit wird deutlich, dass hinter jeder plattformökonomischen Formatierung das grundsätzliche Thema der vernetzten Wertschöpfung und ein erweitertes Verständnis von Wirtschaft steht. Ökonomie bedeutet in dieser Denkfigur Kampf aller gegen alle, Konkurrent:innen ausstechen, Marktanteile abknöpfen, im Haifischbecken schnappen, Wachstum exponentiell vorantreiben und Effizienzrenditen abschöpfen. Alle müssen auf der Lauer liegen und leben in der Furcht, andere könnten schneller sein. Der amerikanische Vordenker Don Tapscott und sein Kollege Anthony D. Williams haben im Gegensatz dazu dargelegt, dass künftig eine andere, kooperativere Ökonomie sich ausprägen könnte. »Wir treten in ein neues Zeitalter ein, wo die Menschen in einer Weise am Wirtschaftsgeschehen teilnehmen wie nie zuvor. Noch nie hatten Einzelne die Macht und die Gelegenheit, in losen Netzwerken Gleichgestellter und Gleichgesinnter (Peers) zu kooperieren und Waren und Dienstleistungen kontinuierlich und in konkret fassbarer Form herzustellen.« Das nennt man Wikinomics oder anders ausgedrückt die neue kooperative Weltökonomie auf Basis globaler Netze und Technologien. Der amerikanische Unternehmensberater James Moore prophezeit sogar, dass die innovativen neuen Märkte nur im Verbund zu schaffen sind: »Die Verwirklichung einer machbaren ökonomischen Zukunft erfordert die intensive Zusammenarbeit unterschiedlicher Leistungsanbieter. Sie setzt voraus, dass man sich über gemeinsame Visionen verständigt, Allianzen schließt, Vereinbarungen trifft und komplexe Beziehungsnetze managt.«

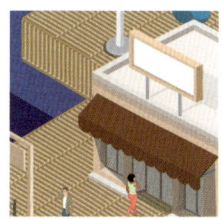

**Resonanzraum:
Small is beautiful**

Im Short Cut des Resonanzraums »Small is beautiful« geht es (auch) mit Blick auf nachfolgende Generationen um Weniger-ist-mehr.

Der westliche Kapitalismus hatte sein Goldenes Zeitalter in der Zeit von 1950er- bis in die 1970er-Jahre. Während dieser Epoche lag das Wachstum des Pro-Kopf-Einkommens etwa bei 3,5 bis vier Prozent pro Jahr – also so hoch, die Probleme lösen zu können. Zum Vergleich: Seit Beginn der industriellen Revolution lag das Wachstum des Pro-Kopf-Einkommens in Europa und den USA zumeist bei ein bis eineinhalb Prozent pro Jahr. Von 1970 bis heute hätte man das Wirtschaftssystem von Quantität auf Qualität umstellen können, sagt David Bosshart vom Gottlieb-Duttwei-ler-Institut im schweizerischen Rüschlikon.

Das hätte auch eine Steigerung der Transparenz in den Lieferket-ten mit sich gebracht. Die erst jetzt allmählich und dafür umso mühsamer über die weit verzweigten Wertschöpfungswege her-gestellt werden muss. Im Kern geht es um den Schutz der Umwelt sowie um verbesserte Menschen- und Kinderrechte, indem Un-ternehmen für Produktionsverfahren und Arbeitsbedingungen bei ihren Zulieferern Verantwortung übernehmen – auch im Aus-land. Der dafür rechtliche Rahmen wurde in mehreren europäi-schen Ländern über Lieferkettengesetze geschaffen. Auch für Deutschland gilt zum Stichtag 1. Januar 2023 ein solches Gesetz.

Neben der moralischen sowie rechtlichen gibt es hier vor allem eine Effizienz- oder Kostendimension. Denn viele Produkte und Dienstleistungen sind für Verbraucher:innen nur deswegen so vermeintlich günstig, weil die tatsächlich anfallenden Kosten, etwa für entstandene Gesundheits- oder Umweltschäden, den Leistungsempfängern nicht in Rechnung gestellt werden, be-ziehungsweise den eigentlichen Leistungsersteller:innen die er-zielten Effizienzrenditen selten genug gut geschrieben werden. Oder wie es James K. Galbraith ausdrückt: »Das erste ökonomi-sche Ziel unsere Zeit sollte nicht das Wachstum sein, sondern die Solidarität in unserem Streben nach einem guten Leben.«

Kurzimpulse

- Ernst F. Schumacher: *Small is beautiful. Die Rückkehr zum menschlichen Maß.*
  Der Klassiker, gerade mit einem Nachwort von Niko Paech in neuer Auflage. Alle Effizienzrenditen kommen der Gesellschaft zu.
- Jørgen Randers, Graeme Maxton: *Ein Prozent ist genug. Mit wenig Wachstum soziale Ungleichheit, Arbeitslosigkeit und Klimawandel bekämpfen. Der neue Bericht an den Club of Rome.*
  Radikaler Vorschlag: Grundeinkommen soll an alle bezahlt werden, die keiner Erwerbsarbeit nachgehen (können): Alte, Behinderte, Kranke und Arbeitslose.
- Jason Hickel: *Die Tyrannei des Wachstums. Wie globale Ungleichheit die Welt spaltet und was dagegen zu tun ist.*
  Abkehr vom BIP als Wohlstandsmaß und Priorität des öffentlichen Sektors vor privaten Gewinninteressen.

Deep-Out

Im Deep-Out zu »Prozesse & Methoden« erhalten wir die konzentrierte Zusammenfassung mit weiteren Inspirationsquellen und Orientierungsperspektiven. Zehn stabile Erkenntnisse aus der Praxis.

Deep-Out 1: Unterschied zwischen Automatisierung und Digitalisierung

Automatisierung dient dazu, menschliche Arbeit sicherer und leichter, aber auch effizienter zu machen. Digitalisierung ist mehr als Automatisierung, weil es gänzlich neue Geschäftsmodelle, Produkte und Dienstleistungen ermöglicht und damit auch die Rollen »Konsument:in« und »Produzent:in« vollständig verwischt. Das Spielfeld ist ein ganz anderes.

Deep-Out 2: Schattenseite des Kollaborativen

Kollaboratives Arbeiten mit den neuen digitalen Kommunikationswerkzeugen ist im letzten Jahrzehnt um das Doppelte gestiegen und nimmt mittlerweile 85 Prozent der wöchentlichen Arbeitszeit von Wissensarbeiter:innen ein. In der COVID-Pandemie stiegen Audio- und Videoformate um 65 Prozent. Das Problem: Diese Entwicklung kann das agile und flexible Denken und Handeln gefährden. Denn die Quote von Redundanzen und Wiederholungen steigt durch Zoom, Teams und Co. in immensem Ausmaß. Das *Harvard Business Magazine* titelte sogar: »Collaboration Overload Is Sinking Productivity.«

Deep-Out 3: Plattform heißt: Wertschöpfung für alle

Netzwerkeffekte sind eines der Hauptthemen in der neueren Wirtschaftsforschung. Die beiden Wissenschaftler Geoffrey G. Parker und Marshall W. Van Alstyne bieten eine umfassende Definition der Plattformökonomie: »Eine Plattform ist ein Geschäftsmodell, das darauf beruht, dass wertschöpfende Interaktionen zwischen externen Anbietern / Erzeugern und Kunden ermöglicht werden. Die Plattform stellt den Teilnehmern eine offene Infrastruktur für diese Interaktionen bereit und legt die Rahmenbedingungen und Regeln dafür fest. Der übergreifende Zweck einer Plattform ist es, das Zusammenkommen der User und den Austausch von Waren, Dienstleistungen und ›sozialer Währung‹ (engl. *social currency*) zu gestatten und dabei für alle Beteiligten die Möglichkeit einer Wertschöpfung zu schaffen.«

Deep-Out 4: Technologie follows Kultur

Der d.quarks-Erfinder Michael Pachmajer definiert die Ambivalenz des digitalen Neuen wie folgt: »Digitale Transformation hat immer zwei Seiten. Da ist einmal die strukturverändernde Perspektive: Prozesse werden automatisiert und neue Technologien eingeführt. Auf der anderen Seite haben wir die kulturverändernde Perspektive: Welche Kompetenzen brauchen meine Mitarbeiter? Welche neuen Rollen müssen wir einführen? Wie wird Zusammenarbeit und Wissensaustausch organisiert?« Er weist damit darauf hin, dass technologische Umbrüche auch in den Rollen von Mitarbeitenden berücksichtigt werden müssen. Dabei ist klar: Prozesse dienen der Verflüssigung von Arbeit (Ablauforganisation). Stellen dienen der Stabilisierung von Arbeit (Aufbauorganisation). Rollen dienen als flexible Verbindung von Ablauf- und Aufbauorganisation.

Deep-Out 5: Tasks & Teams

Alle Abteilungen müssen sich ganz anders aufstellen, um mit der Veränderung der Arbeitswelt Schritt zu halten. Beim Medizingerätehersteller B. Braun hat man das Organigramm abgeschafft und eine neue Denkfigur eingeführt: Tasks & Teams. Die ehemalige HR-Chefin Bernadette Tillmans-Estorf: »Wir haben mit einem Kick-off für beide Bereiche, Corporate HR und Corporate Communications, gestartet. Die einzige Vorgabe war: transparenter sein, besser zusammenarbeiten, weniger Silos und mehr Vernetzung. Jeder war eingeladen, daran mitzuarbeiten. Wir wussten also nicht, was dabei herauskommt.

Wir haben Dinge angestoßen, ohne genau zu wissen, wohin die Kugeln rollen. Zunächst haben wir sogenannte Kreise gebildet. Das sind Teams mit zentralen Themen wie das Selbstbild, das Selbstverständnis oder der Zweck der Abteilung. Das haben wir früher im Leitungskreis besprochen und dann erst mit den Mitarbeitern. Jetzt habe ich den ›Purpose‹ beider Abteilungen in den Kreisen zur Diskussion gestellt. Ein weiterer Kreis heißt ›Koordination‹ und kümmert sich darum, wie Projekte und Aufgaben innerhalb der Bereiche verteilt werden. Das muss Hand in Hand mit dem ›Purpose‹ gehen, weil die Priorität einer Aufgabe davon abhängt, ob sie auf den Zweck einzahlt. Von Anfang an gab es auch ein sogenanntes Trafo-Team. Das waren gewählte Repräsentanten der Abteilungen, die den Prozess der Selbstorganisation begleiten und Fragen, Gedanken und Ängste der Mitarbeiter an die Bereichsleitung rückkoppeln.«

Deep-Out 6: Verletzlichkeit

Die Covid-19-Pandemie hat im Zusammenspiel mit einzelnen, von Menschen verursachten Fehlleistungen die Anfälligkeit eines globalen Wirtschaftssystems ins Erleben der Welt-Bevölkerung gerückt. Wenn es läuft wie geschmiert, kann eine Kundin in Norwegen auf einen digitalen Knopf einer Einkaufsplattform drücken und hält kurz danach das begehrte Kleidungsstück in der Hand, was wenige Tage davor im fernen Bangladesch genäht wurde. Wenn es so läuft, wie in diesen Tagen, kann ein Handwerker in Berlin einen Einbauschrank nicht fertig montieren, weil die benötigten Beschläge in einem Container in einem asiatischen Hafen vor sich hin rosten. Container haben sich von einer sogenannten Commodity Leistung zum teuren weil heiß begehrten Gleitmittel einer fluiden Weltwirtschaft verwandelt. Gemäß des Wirtschaftsmagazins *Bloomberg Businessweek* sind weltweit circa 25 Millionen Schifffahrtscontainer in Gebrauch, wofür ungefähr 6000 Schiffe für deren Transport im Einsatz sind. Diese Schiffe gehören Reedereien wie beispielsweise der dänischen A. P. Moller-Maersk A/S oder der chinesischen Cosco Shipping Holdings Co. Die Top 10 Reedereien kontrollieren dabei 85 Prozent der globalen Transportkapazität. Das sind die Parameter des heutigen Logistik-Dominos – verklemmt sich ein Stein, blockiert die gesamte Kette.

Deep-Out 7: Koppelung

Die Verbindung zwischen den beiden Logiken Aufbau- versus Ablauforganisation erfolgt an der Nahtstelle der konkreten Handlung: WER tut WAS, insbesondere wer entscheidet was (was die Definition der Aufbauorganisation als Ort von Entscheidungsmacht verstärkt). Zur praktischen Verknüpfung dieser beiden Sichtachsen dienen daher beispielsweise die verschiedenen Typen von Entscheidungsverfahren (Diskurs, Konsens, Konsent oder auch Dialog / Beratungsprinzip), weil sie das Zusammenspiel verschiedener organisationaler Akteure und Akteurinnen im Moment des Entscheidungshandeln determinieren.

Deep-Out 8: Quantensprung

Maschinelles Lernen sowie künstliche Intelligenz versprechen eine Zusammenführung der beiden Phasen Exploration und Exploitation in Roger Martins Wissenstrichter: Die Algorithmen lernen selbstständig, welche neuen Antworten sie benötigten, um diese wiederum systemweit zu skalieren. Kritiker:innen behaupten, dies sei nur für die funktionalen Lösungsanteile möglich, weil den Maschinen die sozialen und emotionalen Ebenen verschlossen blieben. Sie könnten letztlich doch nur ausführen, was ihnen die Menschen vorher eingetrichtert hätten. Bei den Vorreiter:innen der KI löst dies nicht vielmehr als ein Achselzucken aus. Sie wissen den technologischen Fortschritt auf ihrer Seite, der mit immer mehr Rechenpower die Durchdringung von Komplexitäten ermöglicht, die die Menschen nicht einmal mehr ansatzweise zu fassen verstehen.

Deep-Out 9: Lernen tut weh

Für Maschinen gelten in Bezug auf Lernen ähnliche Erfolgsformeln wie für Menschen: Sie lernen aus Fehlern. Schwer wird es dann nur für die Menschen, wenn ihnen befohlen wird, den Maschinen dabei zuzusehen, wie sie Fehler begehen, um daraus lernen zu können. Denn die Menschen könnten es in diesen Momenten ja besser. Und alles nur dafür, dass sie sich in nicht allzu ferner Zukunft von eben diesen dummen Maschinen ersetzen lassen müssen, weil diese nun schneller, besser, kostengünstiger arbeiten als die Menschen. Was nachgerade ein menschliches Dilemma ist.

Deep-Out 10: Wer automatisiert wen

Aufgrund der Covid-19-Pandemie verzeichneten Online-Kaufhäuser eine dramatische Nachfrage, weil Menschen nicht mehr in die physischen Konsumtempel strömten. Das führte dazu, dass beispielsweise Amazon alleine in den USA 400 000 neue Mitarbeitende einstellen musste, um der gestiegenen Nachfrage Herr zu werden. Den Job der Auswahl, Einstellung und das Onboarding erledigten weitestgehend die Amazon Maschinen: Computer, die Bewerbungen scannten; Video Apps, die neue Mitarbeitende schulten; sowie Software, die die Neuen durch einfache, wiederholbare Aufgaben leitete. »Die Ingenieure hatten im Wesentlichen eine Plug-and-Play-Belegschaft geschaffen, die quasi sofort angepasst werden kann, wenn sich die Umstände ändern«, wie Matt Day für *Bloomberg Businessweek* schrieb. Ob die Maschinen auch bereits einen automatisierten Betriebsrat gegründet hatten, war dem Artikel nicht zu entnehmen.

Leitbegriffe in
diesem Kapitel:

* Ablauforganisation
* Algorithmus
* Automatisierung
* Data Mining
  Algorithmen
* Digitalisierung
* Design Thinking
* Heuristik
* Künstliche
  Intelligenz
* On-Demand-
  Economy
* Scrum
* Sharing-Economy
* Time-Boxing
* Trafo-Team
* Veränderlichkeit
  der Vernetzung
* Vernetzungsgrad
* Wikinomics

Glossar auf S. 190

ORTE & RÄUME

Willkommen. Die Kernfrage im folgenden Ponton lautet: An welchen Orten findet Arbeit statt und wie sind diese räumlich auszugestalten, um etwas zu erreichen?

Digitale und analoge Welten fließen ineinander. Hybrides Arbeiten als Mischung aus Homeoffice und Büropräsenz im Unternehmen. Mix der Arbeitsplatzkulturen statt One size fits all. Gleichzeitiges Nebeneinander unterschiedlicher Formatierungen von Arbeit sowie eine Mischung aus Pragmatismus und Experimentierfreude.

Ein großer Forschungsverbund zeigt, wie es einen neuen Campus nach neuesten Gesichtspunkten geplant und umgesetzt hat. Abschließend sieben Deep-Outs als Inspirationsquellen. Zum Mitnehmen.

Dock-In

Dock-In 1: Raus aus der Komfortzone

Ein Start-up in Hamburg sucht kreative Design Thinking-Expert:innen. Das Ziel: Gemeinsam mit Kund:innen aus der Konsumgüterindustrie neue Produktideen entwickeln. Flexibel, ungewöhnlich, originell. Wie aber sehen Räume aus, die gemeinsames Lernen ermöglichen? Inwieweit müssen diese Räume irritieren, um aus der Komfortzone gebracht zu werden und sich dem Neuen öffnen zu können?

Dock-In 2: Hybrid arbeiten

Ein großer Buchverlag in Berlin zerlegt sein Headquarter in Einzelteile und siedelt diese dezentral an verschiedenen Standorten an. Viele Mitarbeitende wollen von zu Hause arbeiten. Wie kann hybrides Arbeiten konkret aussehen?

Dock-In 3: Arbeiten inklusive Leben

Es war ein großer Traum. Die Konzerntempel von Google und Apple, in denen den Mitarbeitenden über die Arbeitsplätze hinaus alle notwendigen Dienstleistungen, Infrastrukturen und Notwendigkeiten des täglichen Bedarfs angeboten wurden. Eine große Familie, die überwiegend im eigenen Firmenuniversum gehalten wurde. Ist der Trend feudaler Lebens- und Arbeitsarchitekturen vorbei?

Dock-In 4: Wellbeing

Eine Anwaltssozietät beschließt mehr Wellbeing am Arbeitsplatz. Eine Beraterin erläutert, warum eine Atmosphäre erforderlich sei, in der man mit seinen Blicken im Raum herum- oder aus dem Fenster schweifen könne, Pflanzen um sich habe und sich aktiv bewegen könne. Der letzte Schrei: Von der Decke hängende Sessel, was die Beine leicht ins Schaukeln bringt und Aktivität fördert. Schnickschnack oder Workspace der Zukunft?

Dock-In 5: Der grüne Arbeitsplatz

Grünpflanzen fristen in Firmenbüros oft ein trauriges Dasein. Oft vertrocknen sie oder sind nahe dran. Das Büro der Zukunft soll ein Naturerlebnis werden. Mit größeren Arrangements. Ein großer Softwarekonzern hat diesbezüglich ernst gemacht. Pflanzen an den Wänden, Pflanzen als strukturierendes Element im Raum, grüne Oasen zum Rückzug für Besprechungen und zum Nachdenken. Verschiebbare Wände mit rotierenden Paneelen sorgen für eine weitere überraschende Innenarchitektur. Kommt es zu einer Auflösung von Einzel- und Großraumbüros?

Dock-In 6: Stadt, Land, Arbeit

Ein Logistikunternehmen zieht in den ländlichen Raum. Gute Autobahn- sowie Schienenanbindung ist möglich. Doch wie bringt man qualifizierte Fachkräfte dorthin? Die Firma kauft von der Gemeinde Bauland auf Vorrat. So wird in Bewerbungsgesprächen den Familien der Umzug schmackhaft gemacht. Bezahlbares Eigenheim im Grünen, Arbeitsplatz in der Nähe, gute Kindergarten- und Schulsituation in der Nähe. Wandern die neuen Arbeitsplätze von der Stadt auf das Land?

Dock-In 7: Flexibel statt fest

Die Generationen Y und Z suchen attraktive Arbeitsplätze mit Sinn. Sie sind weniger und haben höhere Anforderungen. Die Vermischung von Leben und Arbeiten wird immer wichtiger. Austausch und Kommunikation werden zum zentralen Arbeitsmodus. Die unberechenbare Zukunft erfordert außerdem eine ständige Neuorientierung und -ausrichtung im Job. Der Arbeitsplatz mit Festanstellung ist ebenfalls auf dem Prüfstand. Wie schaffen wir künftig flexible Arbeitsarrangements?

Auf diesem Ponton erkunden wir drei Resonanzräume: »Workspace«, »Verschmelzende Orte« und »Glokalisierung«. Es geht um offene und verwehrte Zugänge. In der alten Bürowelt waren diese hierarchie- und machtcodiert. Der Vorstand in der Vorstandsetage, die Abteilungsleiterin im Eckbüro und wichtige Mitarbeitende in Einzelbüros. Wir haben den industriellen Prozess dahinter immer weiter ausdifferenziert und die jeweilige Wirksamkeit optimiert.

Im Blick zurück: Den Produktionsprozess von dinglichen Gütern haben wir über 150 Jahre hinweg immer weiter verfeinert und dafür die entsprechende physische Ausprägung gefunden. Selbst modernere Anforderungen ließen sich darin integrieren, um sowohl die Potenzialentfaltung des Individuums als auch die des Unternehmens bestmöglich zu unterstützen.

Im Blick nach vorne bemerken wir den Unterschied zu den alten Orten und Räumen: Im Umgang und in der Produktion von immateriellen Gütern, sprich: Wissensarbeit, gibt es noch vieles herauszufinden. Wie sehen Arbeitsstätten für die Kreation von Immateriellem aus oder wie werden immaterielle Wissensgüter künftig skaliert? Wie sieht die physische Repräsentation einer ambidextren Unternehmung aus, wie die Räume für Exploration und Exploitation?

Dahinter steht der große Begriff der Wissensproduktion. Wo wird Wissen im unternehmerischen Kontext erbracht? Wo kondensiert es und wird zur Anwendung gebracht? Im Mittelpunkt stehen dabei die neuen Wissensarbeiter:innen. Wolf Lotter schreibt: »Wer Zusammenhänge herstellt, erschließt, anbietet, verbreitet und teilt, ist ein Wissensarbeiter.« Es geht also darum, Komplexität zu erschließen. Kooperativ und kollaborativ. Das erfordert neue Arbeitsplätze mit anderem Workflow.

Resonanzraum: Workspace

In der Long Version des Resonanzraums »Workspace« wird der Arbeitsplatz zum Möglichkeitsraum. So fordert Claus Otto Scharmer, dass wir nicht mehr, wie wir es bisher gelernt haben, Ziele definieren oder eine Zukunftsvision entwickeln. Nein, die Herausforderung besteht vielmehr darin, »unsere Wahrnehmungsfähigkeit weiterzuentwickeln – und von einer im Entstehen begriffenen Zukunft zu lernen«.

Zum Beispiel im Umgang mit den Kund:innen. Man spricht nicht mehr über Kund:innen, sondern mit ihnen. Es gilt, mit Kund:innen unerschlossene Räume zu entdecken, das heißt, die Kund:innen nicht als Objekte zu betrachten, sondern als Subjekte und Wertschöpfungspartner:innen. Die damit verbundenen Potenzialen und Bedürfnissen wahrzunehmen, heißt, Komplexität zu umarmen.

Das heißt im Klartext: Der Arbeitsplatz wird zum unbekannten Ort mit Aspekten, Problemen und Informationen. Die Aufgabenstellungen werden kniffliger, weil differenzierter. Das benötigt schlaue, motivierte Mitarbeitende. Das wiederum verschärft den Krieg um die besten Talente. Firmen müssen demzufolge den Mitarbeitenden etwas Besonderes bieten. Sich Wohlfühlen in der Arbeitsumgebung.

66 Eine der größten Herausforderungen für Unternehmen ist ›Talent Attraction‹. Und dies nicht erst seit kurzem. Was sich meines Erachtenes nach durch die Pandemie deutlich verändert hat, ist die Perspektive auf die Ausgestaltung von Arbeitsplätzen und -räumen. ›Work from anywhere‹ hat sich in den letzen 18 Monaten unfassbar schnell als machbares ›New Normal‹ herauskristallisiert und speziell im Kontext global agierender Unternehmen verändert dies unsere Sichtweise auf die Ausgestalung realer (physischer) Räume. Mitarbeiter:innen kommen nicht mehr ins Office, um acht Stunden vor einem Monitor zu sitzen, Führungskräfte haben erlebt, dass gute Ergebnisse nicht notwendigerweise mit physischer, räumlicher Anwesenheit in Zusammenhang stehen. Human interaction ist hier eher der Schlüssel. Dies bedeutet jedoch ebenfalls virtuelle Räume ansprechend zu gestalten, so dass neue Arten von Zusammenarbeit möglich werden. Wie dieses Zusammenspiel realer und virtueller Kollaboration als erfolgsrelevanter Erfahrungsraum erlebbar wird, wird in Zukunft ein zentrales Element von Führungsarbeit bleiben. Gerade auch bei der oben erwähnten Talentgewinnung. Wir sehen uns doch bereits heute in Recruitmentprozessen deutlich stärker mit der Frage konfrontiert: ›Wie haltet ihr es eigentlich mit ›Work from anywhere‹?‹ **99**
Holger Ness, Global Head People & Organisation (P&O) Operations bei Novartis

Arbeit soll also schön sein und Spaß machen. Einerseits. Aber auch innovativ, effizient und sinnvoll. Andererseits. Miteinander, untereinander, füreinander.

Kein Wunder, dass Co-Working heute ein großes Thema ist. Stefan Rief, Leiter des Competence Center Workspace Innovation am Fraunhofer-Institut Arbeitswirtschaft und Organisation IAO in Stuttgart, sagt: »Co-Working ist das Arbeiten in einem selbst steuerbaren Grad von Gemeinschaft an einem institutionalisierten physischen Ort. Der Nutzer kann selber bestimmen, wie viel Gemeinschaft er haben möchte, und kann das sehr spontan an seine Bedürfnisse anpassen. Gleichzeitig gibt Co-Working eine gewisse Struktur, einen Ort des Arbeitens, bietet es Zeiten fürs Arbeiten und für Freizeit und eine gewisse Gemeinschaft durch Austausch und Feedback.«

Fallbeispiel: ARENA2036

Ausgangsposition

Bei der ARENA2036 handelt es sich um eine wandlungsfähige Fabrikhalle, in der Büroarbeit, Entwicklungsarbeit und Testarbeit zusammengeführt werden. Es steht für »Active Research Environment for the Next generation of Automobiles« und ist einer von neun Forschungscampi der Förderinitiative »Forschungscampus – öffentlich-private Partnerschaft für Innovationen« in Deutschland.

Das bedeutet in seinem heterogenen Anforderungsprofil, dass man viele Disziplinen miteinander in Verbindung bringen kann. Zum Beispiel wie in der Selbstbeschreibung: »Die Partner der ARENA2036 sind der Schlüssel für die co-kreative Arbeit an unterschiedlichsten interdisziplinären Projekten. Auf diese Weise treffen in der ARENA2036 verschiedene fachliche Perspektiven, (Arbeits-) Kulturen und Arbeitsansätze aufeinander und ergänzen sich. Basierend auf exzellenter, interdisziplinärer Grundlagen- und Anwendungsforschung sollen vor allem disruptive und Sprunginnovationen hervorgebracht und in die Industrie transferiert werden. Somit möchte die ARENA2036 ihren Beitrag zur aktiven Gestaltung von Arbeit, Mobilität und Produk-

Gegensatzpaare zur Findung der geeigneten Räume

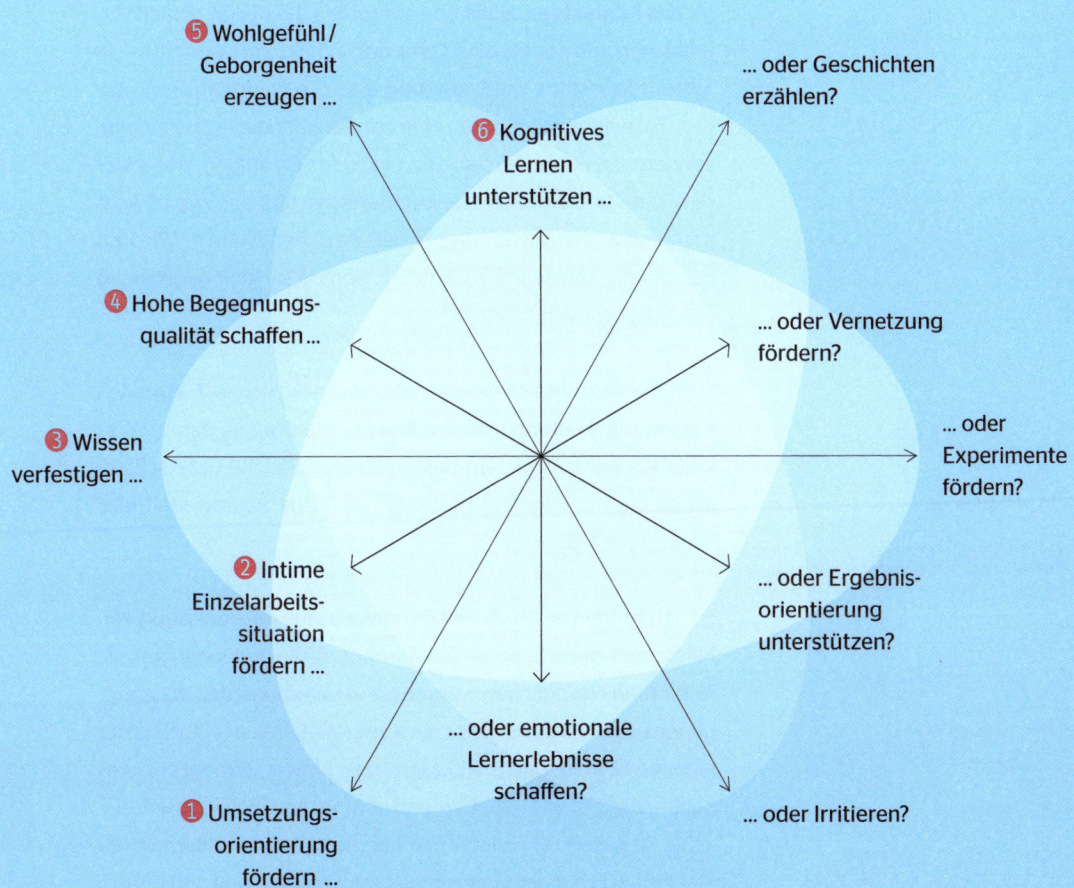

⑤ Wohlgefühl /
Geborgenheit
erzeugen ...

... oder Geschichten
erzählen?

⑥ Kognitives
Lernen
unterstützen ...

④ Hohe Begegnungs-
qualität schaffen ...

... oder Vernetzung
fördern?

③ Wissen
verfestigen ...

... oder
Experimente
fördern?

② Intime
Einzelarbeits-
situation
fördern ...

... oder Ergebnis-
orientierung
unterstützen?

... oder emotionale
Lernerlebnisse
schaffen?

... oder Irritieren?

① Umsetzungs-
orientierung
fördern ...

tion der Zukunft im Kontext der Digitalisierung leisten. Mit dem Standort Stuttgart liegt der Fokus auf Automobil und Produktion, daher ist der Blick auf das Jahr 2036 gelegt – das 150-jährige Jubiläum des Automobils.«

Wie tun wir das?

Das neue Miteinander bedeutet: Kontext verstehen, Komplexität des Kontexts erfassen und sie anders darstellen, visuell vereinfachen und daraus ein Thema entwickeln. Verstanden als ein Systemdiagramm, wie Leute und Maschinen interagieren können. Es geht nicht mehr um eine rein funktionale Aufzeichnung, sondern um ein neues Narrativ, eine neue Erzählung. Wie arbeiten Leute miteinander? Welche Bereiche gibt es? Wie bewegt man sich von A nach B, was passiert zwischen A und B? Wie fügt der Ort die Menschen zusammen, sodass sie sich gegenseitig etwas geben, sich austauschen?

Dahinter verbirgt sich natürlich die grundsätzlichere Frage nach der Raumgestaltung und den funktionalen Folgen daraus. Was kann ich wo und wie am besten lernen? Welche unterschiedlichen Lernfunktionen unterstützt die neue Raumgestaltung? (siehe Seite 133)

So verstanden ist Co-Working mehr als eine Interpretation von Flächeneffizienz. Es ist ein Ort für ungeplante Begegnungen, die Inspiration ermöglichen. »Durch die Zusammenarbeit in heterogenen Projektgruppen wird ein Kompetenztransfer jenseits der eigenen Firmen- und Institutsgrenzen hinweg ermöglicht, was nachhaltig auf die kreative und innovative Projektarbeit einzahlt. So werden vor allem Forschungsergebnisse außerhalb der etablierten Lösungsräume angestrebt, gefördert und unterstützt. Es gibt drei verschiedene Projektarten: Verbundprojekte, Fokusprojekte und sogenannte Schnellboote. Die Projektarten unterscheiden sich in der Projektlaufzeit, der Größe des Konsortiums, der Finanzierung und des Umfangs.«

Und hier kommt es zur Rückkoppelung an die Innenarchitektur des Workspace. Der Raum bestimmt das Bewusstsein. Das Bewusstsein bestimmt die Wahrnehmung. Wahrnehmung bedeutet multisensorische Erfahrbarkeit. Deshalb stellt der Raum das sinnlichste Erlebnis von Arbeit dar. Hannah Rauterberg sagt: »Gefühlt stehen wir erst am Anfang der aktuellen Embodiment-Bewegung, die immer deutlicher macht, dass Wahrnehmung, Denken und Verhalten immer verkörpert sind, das heißt in einem sozialen, aber auch räumlichen Kontext stattfinden. Auch neurowissenschaftliche Erkenntnisse zeigen: Lernen funktioniert besonders gut, wenn wir multisensorische Erfahrungen machen. Ich sehe daher wahnsinnig viel Potenzial in einer bewussten Gestaltung von Räumen – sei es um uns unsere gegebenenfalls limitierenden Denk- und Verhaltensmuster überhaupt bewusst zu machen oder um Erfahrungsräume für neue Erlebnisse zu schaffen.«

Anders ausgedrückt: Eine Kultur, in der Transparenz hochgehalten wird, würde im Widerspruch zu einer Architektur aus Einzelbüros stehen. Im Umkehrschluss fördert eine Architektur mit Großraumbüros aber noch lange nicht per se die Zusammenarbeit zwischen den Menschen, wenn es nicht dem Nutzungsverhalten entspricht, das durch weitere Rahmenbedingungen bestimmt wird.

Resonanzraum: Verschmelzende Orte

In der Short Version des Resonanzraums »Verschmelzende Orte« wird der Begriff als Antwort auf das Konzept der industriellen Arbeit gesehen. Die Menschen vernetzen »vorgegebene Bedingungen mit eigenem Sinn, machen die Arbeit nicht nur wertschöpfend im wirtschaftlichen Sinn, sondern auch im psychologischen und sozialen Sinn.« Genau das meinte Frithjof Bergmann, als er in den 1990er-Jahren erstmals den Begriff »New Work« verwendete. Und genau das meint dieser Resonanzraum, wenn er auf die dazugehörigen neuen Räume und Orte verweist, in denen sinngebende und individuell wertschöpfende Arbeit möglich ist.

Es gibt einerseits eine vorgeschobene, reale Fabrikwelt. Dort stehen Maschinen, Produktionsabläufe, Menschen, die Tätigkeiten verrichten, Produkte und Konsumgüter, die ausgeliefert werden, im Mittelpunkt. Dahinter findet andererseits die eigentliche Arbeit statt. Oder wie es Robert Misik, Christine Schörkhuber und Harald Welzer schreiben, die unsichtbare Arbeit. Sie umfasst »all das, was auch mit Arbeit verbunden ist: Motivation, Angst, Statusgewinn, Eigensinn, der Stolz auf Fertigkeiten oder auch das Zusammengehörigkeitsgefühl in der Kollegenschaft, der Stress und die Überforderung«.

Denn Arbeit ist für den Menschen ein Mittel, sich verwirklichen zu können. Oder: New Work ist die Arbeit, die ein Mensch wirklich will. Wir nennen es unsichtbare Arbeit. In neuen Räumen und an neuen Orten.

New Work als sinnvolles Tätigkeitenprofil mit intrinsischer Motivationsgrundierung will das Unsichtbare sichtbar machen. John Stepper, britischer New Work-Experte, hat dafür einen Begriff erfunden. Working Out Loud: »Arbeiten in einer offenen, großzügigen, vernetzten Art und Weise, die es Ihnen ermöglicht, ein sinnvolles soziales Netzwerk aufzubauen, effektiver zu werden und Zugang zu mehr Möglichkeiten zu erhalten«. Stepper will, dass die Menschen offener und vernetzter arbeiten und Netzwerke schaffen. New Work heißt Beziehungsarbeit.

Es ist zwingend, wie die dazugehörigen Orte sich gerade wandeln. Wir haben es erlebt: In der Coronapandemie entstand zwangsweise eine Trennung in Homeoffice und Firmenoffice. Heute weiß man um die Vorteile beider Welten. Die unsichtbare Arbeitswelt zuhause, die sichtbare im Unternehmen. Hybrid bedeutet Kreuzung, Vermischung. Es denkt nicht in Polaritäten, sondern schafft symbiotische Verträge. Profitieren als Netz voneinander. Jeder Knoten im Netz arbeitet gleichzeitig autonom für sich und für das Netz.

Was bedeutet, dass ich den Menschen mehr Teilhabe an der Ausgestaltung von Arbeitsbedingungen ermöglichen sollte. Ihnen Erlaubnis für individuelle Bedarfe geben. Was aber nicht heißt, dass dies für die gesamte Arbeitswelt gilt. Arbeit, die durch eine physische Komponente bestimmt ist, ist in der Regel auch ortsbestimmt. Viele der notwendigen Verfahren, etwa in Produktionsbetrieben, haben sich über eine lange Zeit hinweg ausgeprägt und sukzessive verfeinert oder verbessert.

Rein immaterielle Arbeit – die häufig verkürzt als Wissensarbeit beschrieben wird – ist im Vergleich ein recht junges Phänomen. Dementsprechend stecken die dafür notwendigen Verfahrensweisen noch in den Kinderschuhen, was uns Corona schmerzlich vor Augen geführt hat. Keiner käme auf die Idee, ungelernte Arbeiter:innen an eine technisch ausgefeilte Produktionsmaschine heranzulassen, ohne vorher eine umfängliche Einweisung für eine sachgerechte Benutzung der Maschine zu gewährleisten. Diese Form von Qualifizierungsanforderungen wird an menschliche Zusammenarbeit fast gar nicht gestellt – sehr häufig nicht zuletzt deswegen, weil noch zu wenig verstanden wird, was es dazu eigentlich braucht, beziehungsweise, weil viele dem Irrglauben unterliegen, dass es dazu nichts Besonderes braucht. So wie alle, die zur Schule gegangen sind, bessere Lehrer:innen sein könnten, sind auch alle Expert:innen für Führung und Zusammenarbeit, solange sie ansatzweise die fachspezifischen Zusammenhänge eines Sachgebiets verstehen und damit die Lizenz haben, andere zu unterweisen. Eine Lizenz für Zusammenarbeit und Führung braucht es hingegen nicht. Eine Lizenz für Zusammenarbeit und Führung im hybriden Raum erst recht nicht, wobei viele hier schneller an die Grenzen stoßen, als sie es sich im rein physischen Raum eingestehen würden.

In Bezug auf die drei Dimensionen von Führung (funktional, sozial, emotional – vgl. Ponton Kultur & Führung) wird schnell ersichtlich, dass Führung in jedem Fall auch eine »physische« Komponente hat und auch behalten wird. Damit wird Führung auch eine Ortsgebundenheit behalten, die entsprechend zu organisieren ist. So wie im Gegenzug sicherzustellen (und damit zu erlernen) ist, wie Zusammenarbeit und Führung im virtuell-immateriellen Raum erfolgreich praktiziert werden kann.

Gleichzeitig beginnt künstliche Intelligenz das gesamte Wirt-
schafts- und Arbeitsleben zu durchdringen. Der Publizist Thomas
Ramge sagt, dass diesbezüglich eine kambrische Explosion –
vergleichbar der Explosion der Artenvielfalt in der Evolution vor
500 Millionen Jahren – stattgefunden habe, welche unsere Zivi-
lisation ändern würde. Durch das permanente Sammeln von
Feedback-Daten generieren intelligente Maschinen Erfahrung,
aus welcher Erkenntnis abgeleitet wird. Der Mensch setze nur
mehr den Rahmen, innerhalb dessen die Maschine lernt. Es werde, so Ramge, Gewinnende und Verlierende geben, was sich
auch in den Orten und Räumen ausdrückt. »Die Digitalisierung
spaltet den Arbeitsmarkt in lovely and lousy jobs. Angenehme
und gut bezahlte für gut ausgebildete Digitalisierungsgewinner,
und zwar besonders für jene, welche die Werkzeuge des Daten-
kapitalismus bauen und bedienen. Der Rest muss bei Regen Pa-
kete ausfahren.« Die Philosophin Manuela Lenzen befürchtet
allerdings, dass die Macht privater Softwarekonzerne aus den
Fugen geraten könne. »Nicht die Maschinen übernehmen die
Kontrolle, sondern diejenigen, die die Maschinen besitzen und
kontrollieren, beeinflussen und kontrollieren immer weitere Bereiche der Gesellschaft.«

Bisweilen kommt es allerdings zu bizarren Auswüchsen. So haben die Programmierer:innen von Facebook beim großen
Blackout im Herbst 2021 den Zugang in die heiligen Hallen ver-
sperrt vorgefunden. Der Grund: Die KI hatte die Zugänge blockiert, um keine Unbefugten hineinzulassen. Der Flow zwischen
realen und virtuellen Räumen war sehr grundsätzlich gestört.

Dennoch ist eine Entwicklung kaum mehr aufzuhalten: Virtuelle und reale Räume verschmelzen immer mehr ineinander. Die
Explosion von Zoom- und Teamsmeetings innerhalb der Coronapandemie hat gezeigt, wie schnell sich Menschen und Organisationen an veränderte Umweltbedingungen anpassen können.
Dahinter verbirgt sich ein globales Datennetzwerk unbekannten
Ausmaßes. Der amerikanische Zukunftsforscher Jeremy Rifkin
prophezeiht: »Viele der führenden Industriekonzerne arbeiten

mit Hochdruck daran, die Infrastruktur für ein globales, neuro-
nales Netzwerk zu errichten. Bis 2030 aber, so sagen Studien
voraus, werden 100 Billionen Sensoren mit Produktionsstätten,
Lagerhäusern, Transportnetzwerken und dem Stromnetz verbunden sein. Sie werden alles und jedes in unserem Leben verbinden – Häuser, Fabriken, Landwirtschaft, Vertriebskanäle, Autos,
Transportsysteme – und permanent Daten aussenden und em-
pfangen. Zwischen Autos, Büros, Fabriken und Wohnungen
werden riesige Datenmengen fließen.« Autofahren, Kochen,
Wohnen, Körperpflege. Hier werden Datenmengen in astrono-
mischen Mengen gesammelt, alles in den Rachen des Maschi-
nenwissens. »Vor allem aber wird es keinen Aus-Knopf mehr
geben, keinen Stecker, den man ziehen kann. Das wird nicht nur
die Technik verändern, sondern auch die Menschen,« ergänzt
Rifkin.

Schon wird von riesigen Überwachungssystemen gesprochen,
die Leben und Alltag jedes Einzelnen minutiös durchleuchten.
Der amerikanische Schriftsteller Dave Eggers sagt dazu: »Amerikanische Colleges haben eines der höchsten Koeffizienten aus
Kameras und Überwachungsgeräten pro Person in allen amerikanischen Ökosystemen. Aber die Studenten kümmert das nicht,
weil sie sagen, dass die meisten von ihnen die meiste Zeit ihres
Lebens von ihren Eltern überwacht worden sind.« Stellt sich die
Frage: Werden die heute nachwachsende Generationen noch
infrage stellen, am Arbeitsplatz überwacht zu werden?

Ein leuchtendes Beispiel für das Verschmelzen aller Welten ist
die Toyota Woven City. Es handelt sich um ein vollständig ver-
netztes Ökosystem, das Wasserstoffbetriebene Brennstoffzel-
len nutzt. Ein »lebendiges Labor«, in dem Einwohner:innen als
auch Forscher:innen wohnen, die vor Ort Technologien wie
Autonomie, Robotik, persönliche Mobilität, Smart Home und
künstliche Intelligenz (KI) in einer realen Umgebung testen und
entwickeln können. Ein digitales Betriebssystem für die Infrastruktur der Stadt. Mit Menschen, Gebäuden und Fahrzeugen,
die alle miteinander verbunden sind und über Daten und Senso-

Toyota Woven City

Der Masterplan der Stadt offenbart drei unterschiedliche Straßentypen: Neben Strecken für schnellere Fahrzeuge gibt es Abschnitte für einen Mix aus niedrigerer Geschwindigkeit, persönlicher Mobilität und Fußgänger:innen sowie für eine parkähnliche, ausschließlich Fußgänger:innen vorbehaltene Promenade. Diese drei Straßentypen verweben sich zu einem organischen Gittermuster.

Die Stadt ist vollständig nachhaltig geplant: Hauptsächlich aus Holz bestehende Gebäude, für die traditionelle japanische Holztischlerei und robotergestützte Produktionsmethoden verwendet werden, reduzieren den CO_2-Fußabdruck. Auf den Dächern finden sich Photovoltaik-Anlagen, um Solarstrom zusätzlich zur Stromerzeugung durch Wasserstoff-Brennstoffzellen zu nutzen.

Toyota plant zudem die Stadt im Einklang mit der Natur – mit einheimischer Vegetation und Hydrokulturen. Die Wohnungen werden mit den neuesten Assistenztechnologien wie In-Home-Robotik ausgestattet, um Menschen zu unterstützen. Sensorbasierte künstliche Intelligenz überprüft den Gesundheitszustand der Bewohner:innen und verbessert das tägliche Leben. Auf den Hauptverkehrsstraßen sind ausschließlich völlig autonom fahrende, emissionsfreie Fahrzeuge unterwegs, um die Bewohner:innen zu befördern. Der Toyota e-Palette wird für den Transport und die Warenauslieferung sowie für den mobilen Einzelhandel eingesetzt.

Die beiden Nachbarschaftsparks, ein großer zentraler Park zur Erholung sowie ein zentraler Platz für soziale Zusammenkünfte sollen die Gemeinschaft zusammenführen. In Woven City sollen Mitarbeitende und ihre Familien, Ehepaare im Ruhestand, Einzelhändler:innen, Wissenschaftler:innen und Industriepartner:innen leben. Vor Ort finden zunächst bis zu 2000 Menschen Platz, deren Zahl im Laufe der Zeit sukzessive ausgebaut werden kann.

Quelle: https://www.toyota.de/news/woven_city

ren kommunizieren, die vernetzte KI-Technologie zu testen – sowohl im virtuellen als auch im physischen Bereich, so Akio Toyoda, Präsident der Toyota Motor Corporation.

**Resonanzraum:
Glokalisierung**

Im Short Cut des Resonanzraums »Glokalisierung« betrachten wir die Synchronizität von Globalisierung und Lokalisierung. Der Soziologe Ulrich Beck hat sich als einer der ersten mit diesem Phänomen beschäftigt. Große und kleine Formen, Selbstunternehmer:innen und Weltkonzerne müssen, wenn sie global tätig werden wollen, zunächst eine Lokalisierungsstrategie entwickeln. In der Weltgesellschaft werden die Unterschiede lokal immer deutlicher.

»Was die Menschen scheidet – religiöse, kulturelle und politische Unterschiede –, ist an einem Ort, in einer Stadt, immer öfter sogar in einer Familie, in einer Biografie präsent.« Überall formatiert sich eine multiple Welten-Gesellschaft. Wie geht die Wirtschaft damit um? Eben nicht mit der Diktatur der McDonaldisierung und Vereinheitlichung der Welt, sondern, so schlägt Beck vor, mit Weltoffenheit und Kosmopolitismus. In einer grenzenlosen Welt ist die Anerkennung der kulturell Anderen Voraussetzung jeglicher Kommunikation und Interaktion. In diesem Sinne plädiert das Konzept der Glokalisierung für eine neue, wertorientierte Lernkultur, die sich an Grundwerten ausrichtet und die Folgen ihres Tuns beachtet.

Deswegen sind die Bürger:innen des 21. Jahrhunderts Kosmopolit:innen im Sowohl-als-auch, sind gleichzeitig Weltbürger:innen über alle Grenzen hinweg und Bürger:innen der Polis, also Staatsbürger:innen. »Im Ort verwurzelt sein und Flügel haben«, so lautet Becks Konstruktion einer doppelten Heimat für alle. Alte, nationale Heimat verliert ihre Exklusivität und ermöglicht die Beteiligung des Fremden. Verlangt sie geradezu. Während aber im Nationalismus Heimat nur als Anerkennung der Eigenheit des Eigenen verstanden wird, ist der Kerngedanke im Kosmopolitismus »die Anerkennung der Andersheit des Anderen«.

Der Kern neuen Wirtschaftens könnte in den Satz münden: »Der kosmopolitische Blick verbindet folglich den Respekt vor der Würde der kulturell Anderen mit dem Interesse am Überleben jedes Individuums.«

Kurzimpulse

- Riane Eisler: *Die verkannten Grundlagen der Ökonomie. Wege zu einer Caring Economy.*
  Über die Arbeit, die an unsichtbaren Orten stattfindet. Über ein Prinzip des neuen Wirtschaftens.
- Joana Breidenbach, Bettina Rollow: *New Work needs Inner Work. Ein Handbuch für Unternehmen auf dem Weg zur Selbstorganisation.*
  Nicht nur Rollen, Regeln und Strukturen entscheiden im Unternehmen. Auch das emotionale Verhältnis der Menschen zu ihrer Arbeit.
- John Stepper: *Working Out Loud. Wie Sie Ihre Selbstwirksamkeit stärken und Ihre Karriere und Ihr Leben nach eigenen Vorstellungen gestalten.*
  Grundidee ist, Wissensarbeit sichtbar zu machen, in dem Wissen nicht nur gesammelt, sondern aktiv geteilt wird. Dazu rät Stepper, aktiv in Beziehungen zu investieren, sodass im Endeffekt auch die Wissensarbeitenden selbst darüber sichtbar werden.

Im Deep-Out zu »Orte & Räume« reden wir über veränderte Arbeitsorte, Arbeitskulturen und realen wie virtuellen Zukunftsformationen. Wir wollen Ihnen weitere Inspirationsquellen und Orientierungsperspektiven rund um das komplexe Feld zwischen Digitalisierung und realer Welt anbieten. Hier also sieben stabile Erkenntnisse aus der Welt des Managements.

Deep-Out

Deep-Out 1: Unendlich virtuell

In immer mehr Unternehmen wird Projektarbeit zum Hauptmodus der Arbeit (Regelarbeit in der vertikalen Pyramide wird hingegen weniger). Gleichzeitig war die Raumordnung bisher auf die Regelarbeit ausgelegt: mit entweder 1er-/2er-Büros oder

Großraumbüros mit Kleinzellen-Arrangements. Räume für Projektarbeit waren nahezu überall absolute Mangelware; selbst Besprechungsräume waren in der Regel schwer zu bekommen. Durch die coronabedingte Verlagerung in den virtuellen Raum stehen fortan jedem Projekt und jeder Besprechung quasi unendlich viele virtuelle Treffpunkte zur Verfügung – mangelnder Raum ist keine Entschuldigung mehr für mangelnde Zusammenarbeit.

Deep-Out 2: **Oxytocin wirkt**

Ja, sogar viel mehr. Womöglich ist ein kleines chemisches Molekül der mitentscheidende Faktor. »Besprechungen mit Kollegen sind essenziell. Wer viel kommuniziert und sozial interagiert, produziert mehr Oxytocin, das Molekül für soziales Engagement. Wir sind dadurch motivierter und innerlich besser vorbereitet, mit anderen für einen gemeinsamen Zweck zu kooperieren. Wahrscheinlich ist das die neurochemische Grundlage für intrinsische Motivation«, sagt Paul Zak, Direktor des Center for Neuroeconomics Studies an der Claremont Graduate University.

Deep-Out 3: **Care Economy erweitert den Horizont**

Neue, überraschende Orte des Wirtschaftens, die Sozialwissenschaftlerin Riane Eisler schreibt: »Ohne Fürsorge und Care-Arbeit gäbe es keinen von uns. Es gäbe keine Privathaushalte, keine Arbeitskräfte, keine Wirtschaft – nichts davon. Und dennoch wird Fürsorge und Care-Arbeit in kaum einer der aktuellen Wirtschaftsdebatten auch nur erwähnt.« Sie fordert daher, mehr Caring-Ökonomiedenken in den wirtschaftlichen Alltag zu integrieren. Wirtschaft unter dem Aspekt der Fürsorge und Pflege anders zu denken – auch mit Blick auf die Erhaltung der natürlichen Lebensgrundlagen. Haben wir in der Coronapandemie nicht gelernt, wie entscheidend Pfleger:innen bis hin zu Kassierer:innen sind? Deshalb Wirtschaft nicht länger von der Wertschöpfung zu denken, sondern von der Sorge für die Gesellschaft (und die Welt). Die dahinterstehende Erweiterung der Arbeitsdefinition lautet, einen für die Gemeinschaft relevanten Beitrag leisten

Deep-Out 4: Activity-based Working

Das Prinzip: Jeder Mitarbeitende sucht sich für seine momentane Aktivität ein funktionierenden Arbeitsplatz. Es geht um das Erreichen einer kurzfristigen Flexibilität. Schritt 1: Nur noch die Hälfte an Schreibtischen zur Verfügung stellen. Neue Studien zeigen, dass sich künftig nur etwa die Hälfte der Mitarbeitenden direkt im Unternehmen aufhalten werden. Schritt 2: Stundenweise Flexibilität anbieten. Spontane Ereignisse können so besser integriert werden. Das bedarf einer Vielzahl gleichzeitig vorhandener Arbeitsumgebungen.

Deep-Out 5: Algorithmen sind die neuen Lernorte

Lernende Algorithmen sind in Zukunft der Stoff, aus dem Innovationen wachsen. Um eine konkrete Vorhersage zu treffen, bedarf es der menschlichen Kompetenz. Beispiel: Blue Dot. Eine Woche vor dem Ausbruch des Coronavirus schlug das KI-Modell der kanadischen Firma Alarm. Es erkannte eine Unregelmäßigkeit in der weltweiten Datenanalyse. So konnte es ziemlich genau die Verbreitung in den ersten Tagen vorhersagen. Kamran Khan, Arzt und Gründer von Blue Dot, sagt: »Unsere KI kann Nachrichten über mögliche Ausbrüche, kleine Gerüchte in Foren und Blogs sowie Hinweise auf ungewöhnliche Ereignisse aufnehmen.« Die Puzzleteile führten zum Gesamtbild einer bevorstehenden Epidemie. Leider wurden diese Signale in den Ländern rund um die Welt nicht ernst genommen.

Deep-Out 6: Produziere, was du willst! In einer Halle.

Auf die Frage, wie die Arbeitskultur von morgen aussehen könnte, antwortete Frithjof Bergmann, der Erfinder der New Work, einmal: »Bildlich, aber schnell ausgedrückt: Was wir brauchen, ist eine neue Institution. Ihr Name ist ›eine Halle‹. Wir brauchen eine Fülle von Hallen. Zwei in jedem Stadtteil, eine in jedem Dorf. So eine Halle sieht wunderschön aus, dort gibt es nicht nur Pflanzen und Cafés, man trifft einander. Dort wird auch alles Mögliche hergestellt. Die Zukunft der Herstellung liegt jenseits von Fabriken. Sie sind Auslaufmodelle, unwahrscheinlich ineffizient. Das Zeitalter ist gekommen, in dem man mit Computern und allen möglichen Maschinen Dinge vor Ort herstellen kann. Die Menschen, die diese Dinge vor Ort brauchen, können das tun. Selber machen – das ist die Basis für die Arbeit der Zukunft. Dadurch gewinnen die Menschen ein ganz anderes Lebensgefühl, ein anderes Selbstbild: Du bist ein Mensch, der sich heute in der Halle absolut großartige Turnschuhe gemacht hat, jetzt unterhalten wir uns, und in vier Stunden baust du an dem Kühlschrank, den du schon immer haben wolltest.«

Leitbegriffe in diesem Kapitel:

- Activity-based Working
- Care Economy
- Co-Working
- Embodiment-Bewegung
- Glokalisierung
- Hybrides Arbeiten
- Neuronale Netzwerke
- New Work
- Verbundprojekte
- Wellbeing am Arbeitsplatz
- Wissensarbeit
- Working Out Loud

Glossar auf S. 190

Deep-Out 7: Raumbegriffe für die Wirtschaft von morgen

- *Neue Arbeitskultur*: neue Berufsbilder mit Selbstunternehmer:innen, die mehr Selbstverantwortung übernehmen wollen.
- *Das Recht auf persönliche Freiheit*: Allen werden Zugänge geöffnet, um ihre jeweiligen Möglichkeiten entfalten zu können.
- *Gegenseitige Hilfe* setzt das Recht der Stärkeren außer Kraft.
- *Kooperation mit anderen* – von den Verbraucher:innen bis zu den Konkurrent:innen – eröffnet bessere Chancen, um in einer Welt voller Risiko und zunehmender Ungewissheit zu bestehen.
- *Soziales Lernen* und *bessere Lebens- und Arbeitsbedingungen* anstatt unbedingter Wille zu Profit und Macht.
- *Digitale Netzwerke* und *virtuelle Communitys* für selbstbewusste Verbraucher:innen und Bürger:innen.
- *Mehr Mitbestimmung* und weniger Hierarchien in Unternehmen.
- *Networking* für Karriere- und Lebensplanung und die Erfüllung menschlicher Bedürfnisse.

RESSOURCEN & FÄHIGKEITEN

Willkommen. Für Peter F. Drucker bedeutet Management, »Menschen durch gemeinsame Werte, Ziele und Strukturen, durch Aus- und Weiterbildung in die Lage zu versetzen, eine gemeinsame Leistung zu vollbringen und auf Veränderungen zu reagieren«.

Managementpraxis, die Menschen zu Leistungsträger:innen auszubilden vermag. Veränderungskultur, die die Leistungsprofile der Güter und Dienstleistungen einer ständigen Neu- und Überarbeitung aussetzt. Transformation spezifischen Wissens in wirtschaftliches Kapital.

Ein Unternehmen erzählt, wie es Digitalisierung und Handwerk zusammendenkt und wie beides gewinnbringend verschmilzt. Abschließend sechs Deep-Outs als Inspirationsquellen. Zum Mitnehmen.

Dock-In

Dock-In 1: Lernen lernen

Von Charles Darwin stammt der Satz: »Langfristig erfolgreich
sind nicht die stärksten Spezies, sondern diejenigen, die sich am
besten den sich verändernden Umweltbedingungen anpassen
können.« Das trifft auch auf Unternehmen zu. Sie sind anpassungsfähige soziale Organisationen. Grundlegend ist die Bedeutung von Lernprozessen. Wie lernen Unternehmen sich zu
verändern? Wie lernen sie zu lernen?

Dock-In 2: Kund:innenzentriert kommunizieren

Ein Buchverlag verliert seinen Königsvertriebsweg über den
stationären Buchhandel. Die Kund:innen kaufen heute anders.
Online, direkt beim Verlag oder bei den Autor:innen sowie über
das eigene Unternehmen. Damit verändert sich die Wettbewerbs-
situation grundlegend. Die Kund:innen müssen über neue Kommunikationswege mit Informationen zu den Produkten versorgt
werden. Wie verändert man sein Empfehlungs- und Loyalitäts-
marketing mit den Kund:innen so, dass man eine veränderte
Marktsituation integrieren kann?

Dock-In 3: Der persönlichen Leistung auf der Spur

Der Geschäftsführer eines Raumausstatterbetriebs bemerkt seit
längerer Zeit, dass die Leistungsbereitschaft seiner Mitarbeitenden nach unten geht. In Einzelgesprächen erfährt er von Überforderung bis hin zum Burnout. Systematisch erforscht er die
Antworten auf zwei zentrale Fragen: Passen deine Aufgaben
eigentlich noch zu dir und deinen Stärken? Hast du Lust auf das,
was du tust? Im nächsten Schritt beginnt er, eine neue Lust auf
Leistung zu entfachen. Individuell angepasst. Wie schaffen wir
es, uns zu fordern, ohne uns zu verbrennen?

Dock-In 4: Aufbruch in neue Lernwelten

Ein regionales Energieversorgungsunternehmen will eine kon-
sequente Perspektivverschiebung vornehmen. Klimawandel und
Umweltprobleme sollen vor allem als Herausforderung für die
Lernfähigkeit der Organisation und der Mitarbeitenden verstanden werden. Auf der Website steht plötzlich der Satz: »Nur durch

eine Weiterentwicklung unserer Fähigkeit zur Kooperation kann es gelingen, diese globalen Probleme am Ende der industriellen Ära zu bewältigen. Innovation entsteht aus einem Wechsel der Perspektive.« Wie kann man die neue Unternehmensmission mit einer anderen Lern- und Weiterbildungskultur für die Mitarbeitenden verbinden?

Dock-In 5: Raus aus der Komfortzone

Seit Jahrzehnten wird das Mantra des lebenslangen Lernens wiederholt. Ein Ingenieursverband will seine Jahrestagung unter dieses Motto stellen. Denn Lernen will gelernt sein, heißt es im Einladungsschreiben. Im Eröffnungsvortrag sagt ein bekannter Coach: »Bei Unternehmen sind wie bei Menschen unterschiedliche Fähigkeiten beziehungsweise Lerntypen auszumachen. Nehmen wir zum Beispiel das Umgehen mit Kritik: Auf Beschwerden von Kunden reagieren die einen mit Verteidigung oder Gegenangriff. Die anderen erkennen darin einen Impuls dafür, aus der Erfahrung zu lernen. Wie Menschen lernen Organisationen nachhaltig nur, wenn sie die Bereitschaft und die Fähigkeit zur Veränderung mitbringen.« Können Menschen auf gesicherte Weise ihre Komfortzone verlassen?

Dock-In 6: Alt wird Neu

Eine alteingesessene Bäckerei in einer niedersächsischen Kleinstadt bekommt Konkurrenz. Eine Backkette aus der Landeshauptstadt eröffnet auf der gegenüberliegenden Seite einen modernen Backshop. Die Juniorchefin der Altbäckerei beginnt umzudenken. Produktpalette, Preisgestaltung und Qualitätsmanagement sollen helfen, die alten Zöpfe abzuschneiden. Neue Fähigkeiten werden vom alten Personal gefordert. Wir müssen dynamischer und agiler werden, sagt sie der Belegschaft. Wo sind die Grenzen des Umlernens?

Dock-In 7: KI nutzen

Künstliche Intelligenz hat Zukunft. Gleichzeitig wissen nur wenige Unternehmen, wie ein maschineller Lernprozess abläuft, um am Ende ein gutes Resultat zu liefern. Ein regionaler Essens-

> 66 Die aus meiner Erfahrung wichtigste Ressource für lebenslanges Lernen ist die Wahrnehmung der Verantwortung für sich selbst und der tiefe Wille, sich weiter entwickeln zu WOLLEN. Und wenn das auch noch mit Freude und Lust verbunden ist – dann ist Vieles möglich. 99
>
> Boris Billing, Leiter Entwicklung & Transformation, Zürcher Kantonalbank

lieferant mit Bioprodukten setzt mithilfe einer Digitalberaterin einen Datenprozess mit den Kund:innen auf. Dort, im grün-bildungsbürgerlichen Milieu, herrscht allerdings Skepsis vor »Big Brother is watching you«. Wie kann man einen KI-Prozess mit kritischen Kund:innen so organisieren, sodass alle daraus lernen und profitieren können?

Dock-In 8: Andere Trainings

Corona hat dafür gesorgt, dass viele Mitarbeitende von zuhause arbeiten. Damit verändert sich das Feld der Weiterbildung grundlegend. Online- und Mikrotrainings sowie Blended Learning gewinnen an Bedeutung. Eine Trainerin fordert ein Umdenken. »Unser Gehirn braucht zum Lernen Abwechslung, Überraschungen, Tempowechsel, Methodenvielfalt. Wir Menschen müssen die Relevanz des Themas für uns erkennen.« Wie funktionieren morgen flexible Fortbildungen für Mitarbeitende? Denn die nächste Pandemie steht womöglich schon vor der Tür.

Dock-In 9: Viele Aufträge, aber kein Material

Ein Automobilzulieferer leidet unter akutem Materialmangel. Aufträge können nicht produziert werden. Die Folge: Die Preise ziehen sowohl bei Neu- als auch Gebrauchtwagen an. Eine Taskforce kümmert sich um den Einkauf noch erhältlicher Chargen. Gleichzeitig fallen Produktionsschichten aus. Die Folge: Kurzarbeit. Auch die Kurse an der Börse leiden unter der hohen Unsicherheit. Wie sieht ein effizientes Ressourcen- und Fähigkeitenmanagement in Pandemiezeiten aus?

Dock-In 10: Weiterbildung neu denken

In der HR-Abteilung eines hessischen Familienunternehmens wird über den Fachkräftemangel diskutiert. Im Blickpunkt möglicher Maßnahmen: die Weiterbildung und -qualifizierung eigener Mitarbeitender. Bisher wurde mit der klassischen 70-20-10-Regel gearbeitet. 70 Prozent lernen die Mitarbeitenden im Job, in ihrer Funktion, 20 Prozent durch die Menschen, die sie im Job umgeben, durch die Zusammenarbeit und indem man sieht, wie andere mit Aufgaben umgehen. Und zehn Prozent in Trainings, in den klassischen Fortbildungsarten. Im Hinblick auf die Digitalisierung sieht man allerdings jetzt Erneuerungsbedarf, eine Vielzahl an Prozessen wird digitalisiert, und daher müssen weit mehr Wissen und Kompetenzen in rascherer Abfolge vermittelt werden. Wie stellt man die interne Weiterbildung auf neue Füße?

Auf diesem Ponton erkunden wir drei Resonanzräume: »Organisationale Fähigkeiten«, »Trust Work« sowie »Diversity und Kompetenzen der Zukunft«.

Im Mittelpunkt stehen zwei Kernfragen: Was müssen wir können und wissen, um unsere Leistung zu erbringen? Und was sind unsere Kraftquellen und Ressourcen, auf die wir zurückgreifen können, wenn wir systemisch und individuell den Wandel in Wirtschaft und Gesellschaft begleiten?

Eine erste umfassende Begriffsannäherung bietet *Wikipedia*: »Eine Ressource kann ein materielles oder immaterielles Gut sein. In Betriebswirtschaft, Volkswirtschaft und Organisationen werden darunter meist Betriebsmittel, Geldmittel, Boden, Rohstoffe, Energie oder Personen und (Arbeits-)Zeit verstanden, in der Psychologie auch Fähigkeiten, persönliche Eigenschaften oder eine geistige Haltung, in der Soziologie auch Bildung, Gesundheit, Prestige und soziale Vernetzung. In psychologischen und psychosozialen Handlungsfeldern werden häufig auch die Begriffe ›Stärken‹ oder ›Kraftquellen‹ benutzt.«

Dieser Logik folgend definiert Drucker Innovation als »Aufgabe, das Potenzial der menschlichen und der materiellen Ressourcen zur Schaffung von Wohlstand zu erhöhen«. Unternehmen sind demnach Wissensfabriken, in denen spezielle Informationen, Kenntnisse und Fähigkeiten kommuniziert werden, um Leistungen für Kund:innen zu erbringen. Daher ist Management für ihn unter anderem auch eine Lehr- und Lerneinrichtung für alle Mitarbeitenden.

**Resonanzraum:
Organisationale
Fähigkeiten**

In der Long Version des Resonanzraums »Organisationale Fähigkeiten« geht es um Unternehmen, die heute stark vom hohen Tempo der Innovationskraft gefordert sind, bedingt durch Digitalisierung, Internationalisierung und Klimawandel. Diese verändern die wirtschaftlichen Rahmenbedingungen für Unternehmen, auf die sie reagieren müssen. Die Frage, wie sich ein Unternehmen aufstellen muss, um unter solchen dynamischen und komplexen Rahmenbedingungen erfolgreich zu sein, ist universeller Natur. Lernen selbst sowie die Lernergebnisse in Handeln zu überführen sind die Stellhebel für ein strategiegeleitetes Unternehmertum. Wie können Unternehmen ihre Strategien entwickeln und leben?

Das Ziel von Strategie ist, nachhaltige Vorteile und einen höheren Wert im Vergleich zu anderen Marktteilnehmern zu schaffen. Das tiefgehende Erkunden der dazu notwendigen Fähigkeiten einer Organisation wird zur Pflichtaufgabe für Unternehmen in ihrem strategischen Handeln, um auf die dynamischen Umweltbedingungen adäquat reagieren zu können. Neuere Forschungen zu Organisational beziehungsweise Dynamic Capabilities akzentuieren, dass ein Unternehmen wandlungsfähig sein muss, um nachhaltig erfolgreich am Markt zu sein. Ein Unternehmen, das über die Fähigkeit verfügt, Ressourcen immer wieder neu aufzubauen, zu kombinieren und zu integrieren, um sich den Umweltbedingungen anzupassen, wird nachhaltiger erfolgreich sein. Unternehmen werden verstanden als Gruppierungen von Ressourcen, die sich entsprechend der Umweltbedingungen neu organisieren können. Die Ressourcen sind sowohl materieller wie immaterieller Natur. Nicht zuletzt vor dem Hintergrund von Wissensgesellschaft und Informationszeitalter spielt die Qualität und Ausstattung mit den Ressourcen Wissen und Fähigkeiten innerhalb eines Unternehmens sowie deren Koordination eine immer größere Rolle. Der Mensch als Hauptakteur der Wertschöpfung und sein Zusammenspiel mit anderen Organisationsmitgliedern stellt hier zentralen Fokus aller Bemühungen zur Weiterentwicklung von Ressourcen und Fähigkeiten dar.

So hat die Forschung zu strategischem Management auf der Ebene des Individuums verschiedene dispositionelle und verhaltensbezogene Faktoren identifiziert, die sich als erfolgswirksam für strategisches Handeln erwiesen haben. Hierzu zählen beispielsweise die Bereiche Kognition (inklusive Emotionsverarbeitung), Lernfähigkeit und Wissen sowie Führung und Sozialverhalten.

Als Organizational Capabilities wiederum bezeichnen wir die kollektiven Fähigkeiten, Fertigkeiten und die Expertise einer Organisation sowie deren komplexes Zusammenspiel untereinander. Sie drücken aus, worin die Organisation besonders gut ist, wenn sie am Markt erfolgreich ist. Als Ergebnis organisationaler Lernprozesse, bei denen sich durch wiederholte und erfolgreiche Bewältigung von Aufgaben komplexe Lösungsmuster etablieren, sind sie ein Kernattribut der Identität einer Organisation, die sich nur schwerlich durch die Konkurrenz kopieren lassen. Wilkens und Kolleg:innen haben hierzu vier Kompetenzdimensionen identifiziert die gleichsam als ordnende Kräfte auf die Gestaltung des Unternehmenssystems Einfluss haben: Komplexitätsbewältigung, Selbstreflexion, Kombination und Kooperation.

Dynamic Capabilities setzen auf diesem Fundament auf, wenn sie das Unternehmen mit der Dynamik der externen Umwelt in Einklang zu bringen versuchen beziehungsweise dessen Grundlage für eine erfolgreiche Leistungserstellung ausweiten und verändern. Im Sinne einer organisationalen Ambidextrie werden damit sowohl explorative als auch exploitative Lernprozesse umfasst. Die daraus entstehende wiederkehrende Veränderung der Ressourcenbasis erfolgt nach Teece in den drei Stufen Sensing, Seizing und Transforming.

Wie die unterschiedlichen Ebenen zusammenwirken, illustriert Sprafke in ihrer Dissertation zu kompetenten Mitarbeitenden und wandlungsfähigen Organisationen an einigen Beispielen: Die Aufnahme, Filterung und Strukturierung von Informationen im Sinne einer systematischen Beobachtung interner und externer Ent-

Dynamische Fähigkeiten

Die Fähigkeit, auch in unsicheren und ambiguen Situationen adäquat zu handeln, sichert langfristigen Unternehmenserfolg.

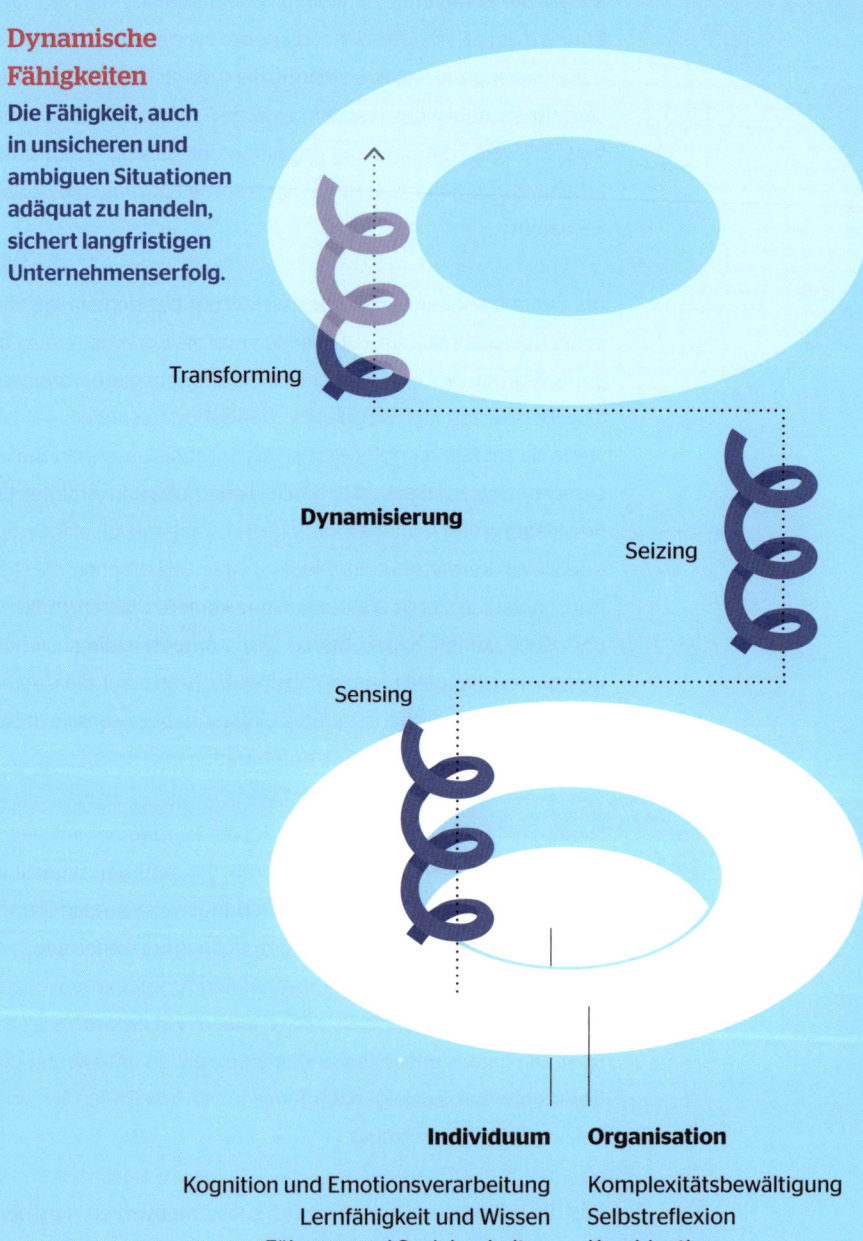

Transforming

Dynamisierung

Seizing

Sensing

Individuum

Kognition und Emotionsverarbeitung
Lernfähigkeit und Wissen
Führung und Sozialverhalten

Organisation

Komplexitätsbewältigung
Selbstreflexion
Kombination
Kooperation

wicklungen – was der Phase des Sensing zugeordnet werden kann – entspricht auf der Ebene der Organizational Capabilities der Dimension Komplexitätsbewältigung. In der Phase Seizing geht es unter anderem darum, interne wie externe Netzwerke aufzubauen sowie Stakeholder:innen zu überzeugen, um Investitionen zu ermöglichen. Hierzu wird die Organziational Capability Kooperation stark in Anspruch genommen. Und schließlich geht es in der Phase Transforming beispielsweise darum, mithilfe einer Fähigkeit zur Kombination kreative Methoden anzuwenden, um Vermögenswerte und Strukturen zu rekonfigurieren.

Damit wird ersichtlich, dass Organizational als auch Dynamic Capabilities sich maßgeblich durch Investitionen in die Menschen und deren Formen der Zusammenarbeit ausprägen. Denn zu deren Erbringung sind einerseits die verschiedenen Akteure und Akteurinnen einer Organisation wichtig, als auch das Zusammenspiel dieser Akteure und Akteurinnen mit den einzelnen Bausteinen einer effektiven Organisation, die wir als Pontons in diesem Buch kennenlernen.

Fallbeispiel: Digitale Weiterbildung

Ausgangsposition

Ein Tischlerunternehmen möchte Handwerk und Digitalisierung zusammenbringen. Die beiden Firmengründer möchten neue Wege gehen. Sie haben verstanden, dass es ein Sowohl-als-auch geben muss. Es zeigt sich, dass Verbindungslinien auch dann zustande kommen, wenn beide Welten ihre Grundprogrammierung nicht aufgeben müssen.

Wie tun wir das?

Zwei Schulfreunde haben vor zehn Jahren eine Tischlerei gegründet. Heute sehen sie sich an der Schnittstelle zwischen der Idee des Designers, dem Können des Handwerksmeisters und modernster technischer Umsetzung. Ihre Stärke (und ihr Wettbewerbsvorteil) ist die digitale Fertigung. Inzwischen arbeiten 25 Festangestellte für die Tischlerei und obwohl die beiden Gründer der Digitalisierung sehr aufgeschlossen gegenüberstehen, gibt es noch sehr viele manuelle Tätigkeiten, wenn beispielsweise eine Tischplatte angefertigt wird. Die Fräsmaschine schneidet zwar die Tischplatte, aber verleimt und geschliffen wird immer noch per Hand. »Digitalisierung ist nur ein kleiner Schlüssel bei uns, aber es gibt eben immer noch den Meister Eder, der an der Werkbank steht.«

Früh haben die beiden ihren Betrieb geöffnet und pflegen ein großes Netzwerk. Sie arbeiten für Künstlerinnen und Künstler und haben ihre Räumlichkeiten auch für externe Firmen geöffnet. Es ist ein Workspace mit stark handwerklicher Prägung – und offenbar ideal in Zeiten der digitalen Transformation. Sie betrachten ihren Betrieb als Beispiel für das Handwerk 4.0. »Die digitale Fertigung ist für uns interessant, weil wir industriell fertigen können, obwohl wir ein Handwerksbetrieb sind.«

So entstehen in ihren Produktionsräumen unter anderem Skulpturen, Shop-Welten, Auto-Interieurs und Möbel. Damit setzen sie sich deutlich ab von der Konkurrenz. »Wir wollen einfach keine Spannplatten-Schränke bauen, und sind immer auf der Suche nach Leuten, die uns herausfordern.« Weiterbildung verstehen sie eher im Sinne einer Horizonterweiterung, mit einem neuen Projekt »an den Maschinen herumexperimentieren.« Und sie haben sich ein internes Firmen-Wiki aufgebaut, in dem sie alle relevanten Informationen und neu gewonnenen Einsichten auflisten, sei es ein Klebstoff, den sie erstmals verwendet haben oder die Beschreibung eines Holzes von bestimmter Qualität. Das Wiki ist für alle einsehbar. Bei den meisten Projekten werden auch Videos gedreht und das seien dann auch Schulungsvideos für Weiterbildungszwecke.

Es müsse heute selbstverständlich sein, dass auch Handwerkende in der Lage sind, Programmcodes zu schreiben. »Ich weiß, ein Tischler will an der Hobelbank stehen, und nicht wie ein Programmierer am Bildschirm sitzen.« Aber es gehe darum zu vermitteln, welche Chancen und Möglichkeiten mit der Digitalisierung verbunden sind. Das wird in den Ausbildungszentren noch viel zu selten vermittelt, hier fehle eben noch der »digitale

Lehrauftrag«. Man müsse auch im Handwerk immer mehr in digitalen Prozessen denken. Klar ist, dass Handwerksunternehmen das Rad nicht neu erfinden können, aber man müsse sich wie andere Unternehmen auch immer wieder fragen, ob und wie man »sein Geschäftsmodell überarbeiten kann, wie das zu realisieren ist.«

In der Short Version des Resonanzraums »Trust Work« blicken wir auf die Forschungsergebnisse von Carol Dweck, die herausgefunden hat, dass Menschen, die an Entwicklung glauben – die eigene und die der anderen –, erfolgreicher und glücklicher sind.

**Resonanzraum:
Trust Work**

In ihrer Arbeit unterscheidet sie zwei Arten von Haltungen, mit denen Menschen dem Thema »Entwicklung« begegnen: ein sogenanntes »Growth Mindset« sowie ein »Fixed Mindset«. Menschen mit einem Fixed Mindset glauben, dass ihre grundlegenden Qualitäten, wie ihre Intelligenz oder ihr Talent, feststehende Eigenschaften sind. Entsprechend vermeiden sie Feedback. Im Gegensatz dazu glauben Menschen mit einem Growth Mindset, dass sie ihre Intelligenz und Persönlichkeit durch Anstrengung wesentlich verändern können. Sie sehen sich als im Prozess befindlich, wollen persönlich wachsen, suchen Rückmeldungen und freuen sich über Feedback. Tatsächlich geht auch Dweck inzwischen davon aus, dass sich die Welt nicht in A- und B-Hörnchen teilt, sondern dass alle Menschen sowohl über Fixed- als auch Growth-Mindset-Anteile verfügen. Insbesondere letztere gilt es mit Goethe gesprochen auszubauen: »Nimmst du jemanden wie er ist, wird er bleiben wie er ist, aber gehst du mit ihm um, als ob er wäre, was er sein könnte, wird er zu dem, was er sein könnte«.

Doch warum fällt es Menschen vermeintlich so schwer, sich Veränderungssituationen gegenüber offen zu zeigen? Warum wird in vielen Change-Projekten proklamiert, dass Mitarbeitende angeblich veränderungsunwillig seien? Was häufig als mangelnder Veränderungswille beschrieben wird, hat bei genauerem

Hinsehen vielmehr mit Verlustängsten beziehungsweise Kontrollverlust zu tun. Denn Menschen fürchten sich davor, das zu verlieren, was sie einmal besitzen. Vielmehr sogar, als dass sie sich über das freuen, was sie gewinnen könnten.

Erin Meyer nennt das Gehirn eine Überlebensmaschine. Es sei ständig auf der Hut vor Signalen einer Ablehnung durch die Gruppe, der man sich zugehörig fühlt. Denn dies hätte in früheren Zeiten zur Isolation und möglicherweise zum Tod geführt. Die Amygdala, der primitivste Teil des Gehirns, der ständig auf der Suche nach Gefahren ist, sendet beispielsweise eine Warnung aus, wenn wir – am besten noch vor einer Gruppe – auf einen Fehler aufmerksam gemacht werden: diese Gruppe wird mich ablehnen!

Forschende haben herausgefunden, dass sozialer Schmerz die gleichen Hirnareale betrifft wie körperlicher Schmerz. Auch der Arbeitskontext stellt eine soziale Situation dar, in der soziale Bedrohungen und sozialer Schmerz möglich sind. Außerdem wurde festgestellt, dass die negative, blockierende Reaktion auf Bedrohung im sozialen Kontext länger andauert und intensiver ausgeprägt ist als die positive, aktivierende Reaktion auf eine Belohnung. Daher ist es nicht verwunderlich, dass Menschen bei sozialen Bedrohungen in einen »Fight or Flight«-Modus verfallen, was zu Produktivitätsverlust führt.

Der Neurowissenschaftler David Rock hat hierfür das sogenannte SCARF-Modell entwickelt, in dem er fünf zentrale psychologische Grundbedürfnisse zusammenfasst. Daraus lässt sich ableiten, worin für Menschen mögliche Anlässe für eine soziale Bedrohung bestehen beziehungsweise was sich in anderer Richtung als leistungsförderlich auswirkt.

Anhand des SCARF Modells lässt sich ebenfalls gut beschreiben, was Menschen in Veränderungen fürchten und was Führungskräfte dagegen tun können. Paul Zak resümiert diese Zusammenhänge wie folgt: »Mitarbeiter in Unternehmen mit hohem

Bedrohung
»weg von«
• Kritik
• Reorganisation
• Mikromanagement
• Konkurrenz
• Bevorzugung Einzelner

SCARF-Modell
Status (Status)
Certainty (Sicherheit)
Autonomy (Autonomie)
Relatedness (Verbundenheit)
Fairness (Fairness)

Belohnung
»hin zu«
• Positives Feedback
• Klare Erwartungen
• Mehr Verantwortung
• Austauschmöglichkeiten
• Transparente Prozesse

Vertrauen sind produktiver, haben mehr Energie bei der Arbeit, arbeiten besser mit ihren Kollegen zusammen und bleiben länger bei ihrem Arbeitgeber als Mitarbeiter in Unternehmen mit geringem Vertrauen. Sie leiden auch weniger unter chronischem Stress und sind zufriedener mit ihrem Leben, und diese Faktoren führen zu einer höheren Leistung.«

Resonanzraum: Diversity und Kompetenzen der Zukunft

Im Short Cut des Resonanzraums »Diversity und Kompetenzen der Zukunft« steht Diversity für die kulturelle Vielfalt im Wirtschafts- und Unternehmensalltag. Hintergrund: In den Unternehmen und Märkten von heute hat man es mit stark heterogenen und ausdifferenzierten Lebens- und Arbeitsstilen bei Mitarbeitenden und Kund:innen zu tun. Sie entscheiden den Geschäftserfolg. Kein Wunder, dass in international agierenden Firmen kulturelle Trainings veranstaltet werden. Man lernt sich kennen, um mehr voneinander zu verstehen. Die Folge: Statt zum Kampf der Kulturen kommt es zur Vermischung der Kulturen.

Kulturen sind keine Container, in denen Werte und Normen seit Urzeiten verankert sind. Im Gegenteil, sie sind offen: »Es handelt sich bei ihnen oft um Erfindungen neueren Datums, die im kontinuierlichen (ungleichen) Wechselspiel mit anderen Kulturen entstanden sind ... Austausch und Vermischung sind für den Fortbestand von Gesellschaften unverzichtbar«, sagt die Anthropolgin Joana Breidenbach. Individualisierung dominiert die moderne Welt. Ein Beispiel: Weltweit gibt es über 1,2 Milliarden Muslime. Sie gehören zu unterschiedlichen Nationen, sind Familienväter und -mütter, Teenager, arm und reich, abstinent und Alkoholiker. Wer will da noch von einer geschlossenen Gruppe sprechen? Im Gegenteil: »Kulturen gehen jeden Tag zahllose Vermischungen ein.« Aus dem Kontakt entstehen neue Werte, Technologien und Lebensstile. Neue Produkte und Dienstleistungen.

Interessant zu beobachten ist dabei der weltweite Umgang mit dieser vielkulturellen Wirklichkeit. Die einen, wie in Kanada oder Australien, haben eine Politik des Multikulturalismus etabliert, »die Minderheiten neben gleichen Bürgerrechten auch das Recht auf kulturelle Unterschiedlichkeit eingeräumt hat«. Die anderen, wie in Großbritannien, definieren sich als Konglomerat vieler unterschiedlicher Kulturgemeinschaften. Diese werden in ihrem ethnischen Minderheitenstatus anerkannt. Je nachdem ergeben sich unternehmerische Ausprägungen und Formatierungen.

Die Frage, welche Kompetenzen in Zukunft einen positiven Einfluss auf Diversity haben, macht den Blick frei auf ein noch weiteres Feld: Welche Fähigkeiten insgesamt werden in absehbarer Zukunft stärker oder gar zusätzlich gefragt sein und welchen Einfluss haben sie auf die Anforderungen an die Fach- und Führungskräfte von morgen?

Aktuell lassen sich drei wesentliche Faktoren und Treiber ausmachen, die Auswirkungen auf die Kompetenzen der Zukunft haben. Allen voran die Digitalisierung, welche trotz Beschleunigung durch die Pandemie noch immer erst am Anfang steht und somit das beherrschende Thema der kommenden Jahre bleiben wird. Des Weiteren die Komplexität der (Arbeits-)welt, die in Zukunft noch weiter zunehmen wird. Und nicht zuletzt das Thema »Agilität«, welche als Antwort auf die beiden vorangegangenen Themen verstanden werden kann und sowohl an die Anforderungen an Führungskräfte als auch an Mitarbeitende entsprechende Ansprüche stellt.

Eine zusätzliche Herausforderung, die im Hinblick auf die Kompetenzen der Zukunft von Bedeutung ist, ist der deutlich spürbare Fachkräftemangel. So wird es für Organisationen, egal ob in der Privatwirtschaft oder staatlich, immer schwieriger, fehlendes Know-how am Markt zu rekrutieren. Die Antwort kann nur eine kontinuierliche und strategische Aus- und Fortbildung der vorhandenen Mitarbeitenden sein, die damit zu einem entscheidenden Wettbewerbsfaktor wird. Für dieses lebenslange Lernen braucht es die entsprechende Fähigkeit und Motivation der Arbeitskräfte.

Auf Grundlage dieser Vorüberlegungen lassen sich drei Annahmen treffen:

1. Kompetenzen, die bereits in der Vergangenheit einen hohen Einfluss auf beruflichen Erfolg zeigten, werden auch in Zukunft von Relevanz sein.
2. Die Gewichtung einzelner Kompetenzen innerhalb des Sets berufsrelevante Kompetenzen wird sich verändern.
3. Neue Kompetenzanforderungen werden hinzukommen.

Unter den drei Oberbegriffen »Potenzial entfalten«, »Gemeinsam Themen voranbringen« sowie »Wirksam sein« lassen sich unterschiedliche erfolgskritische Kompetenzen zusammenfassen, die (bisher) grundsätzlich von Bedeutung für den Erfolg im Beruf sind. Hierunter finden sich Fähigkeiten wie »Informationen analysieren und interpretieren«, »Reflexion« und »Resilienz«, »Verantwortung übernehmen«, »Kreativität« und »Organisationsfähigkeit« sowie »Kooperationsfähigkeit« und »selbstbewusstes Auftreten«. Zusätzlich sind Kulturindikatoren zu berücksichtigen, die etwas über die persönlichen Haltungen aussagen, die notwendig sind, um die entsprechenden Fähigkeiten auch wirksam einsetzen zu können.

Erfolgskritische Kompetenzen und ihr kultureller Kern

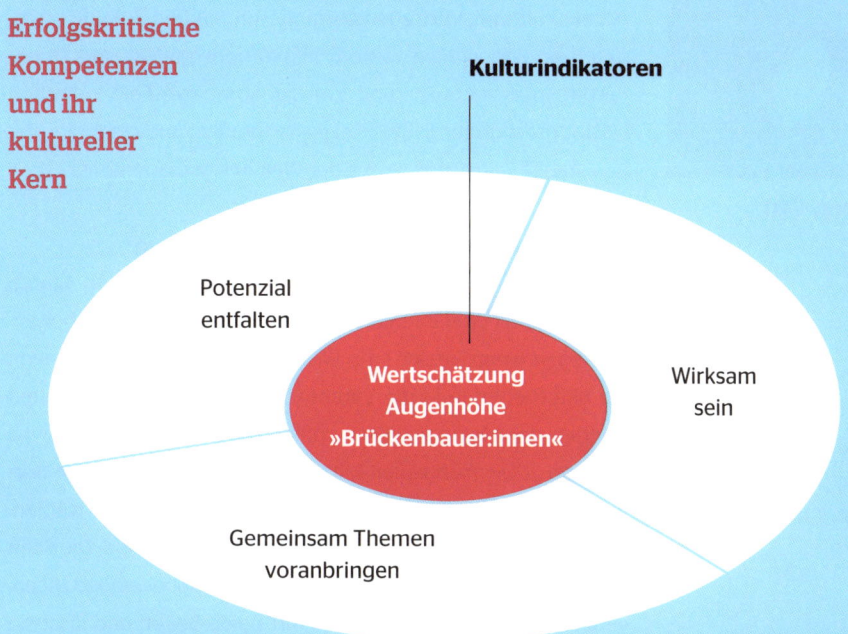

Kulturindikatoren

Potenzial entfalten

Wertschätzung
Augenhöhe
»Brückenbauer:innen«

Wirksam sein

Gemeinsam Themen voranbringen

Kurzimpulse

- Amy Edmondson: *The Fearless Organization*
  Erfolg erfordert einen ständigen Zustrom neuer Ideen, neuer Herausforderungen und kritischer Gedanken, und das zwischenmenschliche Klima darf nicht unterdrücken, zum Schweigen bringen, lächerlich machen oder einschüchtern. Edmondson erforscht diese Kultur der psychologischen Sicherheit und liefert einen Entwurf, wie sie mit Leben erfüllt werden kann.
- Peter F. Drucker: *Was ist Management?*
  Immer noch das große Standardwerk zu den Leistungen, die das Management in Unternehmen erbringen muss.

Deep-Out

Im Deep-Out zu »Ressourcen & Fähigkeiten« reden wir über Arbeitskulturen, Vertrauensformatierungen und Zukunftskompetenzen. Wir wollen weitere Inspirationsquellen und Orientierungsperspektiven rund um das komplexe Feld zwischen Leistungserbringung und Fähigkeitenprofilen anbieten. Hier sieben stabile Erkenntnisse aus der Welt des Managements.

Deep-Out 1: Vertrauen übernimmt die Führung

Die oberste Regel in der Mitarbeitendenbeziehung lautet: »Wenn Sie als Chef Ihr Schicksal in die Hände Ihrer Mitarbeitenden legen, wenn Sie sich Ihrer Willkür und Macht berauben, wenn Sie Mitarbeitende in die Verantwortung für Ihr Wohlergehen bringen, dann kann sich die verpflichtende Kraft des Vertrauens entfalten.« Deshalb sollen Mitarbeitende Chefs abwählen dürfen (das Maximum an Vertrauen). Kund:innen dürfen wählen, welche Produkte sie morgen kaufen wollen. Die Folge: Die Seite der Empfangenden übernimmt Verantwortung, ist eingebunden, klinkt sich aktiv ein. Vertrauen führt beide Seiten und lässt sie teilhaben an Fortschritt und Gewinn.

Deep-Out 2: Mehr geben als nehmen

»Jedes Mal, wenn wir bei der Arbeit mit einer anderen Person interagieren, müssen wir eine Entscheidung treffen: Versuchen wir, so viel wie möglich für uns herauszuholen, oder investieren wir, ohne uns Gedanken darüber zu machen, was wir dafür bekommen?« Eine faszinierende Frage, die Adam Grant zu erforschen versucht hat. Ein Plädoyer für die Gebenden. Sie interessieren sich vor allem für die Bedürfnisse anderer und erkunden, was diese von ihnen brauchen, ohne dabei auf ihren eigenen Nutzen zu schauen. Sie erwarten keine Gegenleistung, und sie rechnen nicht auf. Sondern teilen ihre Zeit, ihr Wissen, ihre Fähigkeiten, Ideen und Kontakte großzügig mit anderen Menschen, die davon profitieren können.

Deep-Out 3: Oben steht, wer wenig weiß

Die Weisen in einem Unternehmen spüren längst, dass es ihnen in der Ära der übergroßen Wissensberge nicht mehr gelingt, so viel zu wissen, um als Autorität im früheren Sinne zu gelten. Es ist also der Schein, der eine Führungskraft zur Autorität macht. Das nennen wir in den Chef:innenetagen Kompetenz. Kompetent ist also derjenige, der eher unwissend ist. Diejenigen, die indes Allwissen vorgeben, sind völlig inkompetent. Es nimmt ihnen keiner mehr ab. Nicht die schiere Menge an Allmachtwissen, sondern der Schein des Wissens wird zur Kardinaltugend in der Wissensgesellschaft von morgen. Was Folgen bei der Auswahl von Führungskräften hat. Was lernen wir daraus? Wer Karriere in Wirtschaft, Politik und Gesellschaft machen will, sollte möglichst kompetent in einem neuen Sinne sein. Nach außen Scheinautorität, nach innen Spezialist:innen für alles Mögliche. Führungskräfte sollten bescheiden dümmer werden. Und dann Karriere machen. Oben stehen sie sowieso nur, wenn sie wenig wissen. Wenn sie davon genug haben, sind sie allseits geachtete Autoritäten.

Deep-Out 4: **Kontrolle und Sicherheit**

Der Journalist Andrian Kreye hat für die *Süddeutsche Zeitung* den Erfolgsautor Dave Eggers interviewt: »Ich habe das Gefühl, dass es sich um eine radikale Artenbildung handelt«, sagt er. »Das ist eine der schnellsten Evolutionsphasen in der Geschichte der Menschheit, die sich in den vergangenen Jahrzehnten vollzogen hat. Wir haben uns von einer sehr eigenwilligen, seltsamen, wilden Art zu einer technikkonformen, unterwürfigen Spezies gewandelt, die sich mit all ihren Zweideutigkeiten des Lebens, die ich immer noch liebe, sehr unwohl fühlt. Wir wollen inzwischen alle Mehrdeutigkeiten, Nuancen oder Geheimnisse auslöschen und alles durchnummerieren. Wir brauchen eine Zahl. Das gibt uns Sicherheit.«

Deep-Out 5: **Data Storytelling**

Passend dazu hat Beth Stackpole in einem Bericht der MIT Sloan School of Management die dafür notwendige Fähigkeit identifiziert: Data Storytelling. Sie schreibt: »Es gibt zwar unterschiedliche Interpretationen, aber die meisten Experten beschreiben Data Storytelling als die Fähigkeit, Daten nicht nur in Form von Zahlen oder Diagrammen zu vermitteln, sondern als eine für Menschen verständliche Erzählung. Wie jede gute Geschichte muss auch eine Datenerzählung einen Anfang, eine Mitte und ein Ende haben. Sie muss unvoreingenommen und mit dem richtigen Einfühlungsvermögen und Kontext präsentiert werden, damit Geschäftsanwender die Erkenntnisse aufnehmen und für eine intelligentere Entscheidungsfindung nutzen können.«

Deep-Out 6: **Expertise versus Naivität**

Der Millidär Marc Lore, der mit eCommerce ein Vermögen verdient hat und gerade an der Utopie-Stadt Telosa arbeitet, warnt vor zu viel Erfahrung. Seiner Meinung nach verleite sie einen zur sehr zur Vorsicht: »Man wird abgestumpft, wenn man zu viel weiß. Man kann nicht mehr ganz unvoreingenommen an die Sache herangehen und sie auf eine neue Art und Weise betrachten. So können Start-ups entstehen, oder? Es ist diese Naivität, die man haben muss.«

Deep-Out 7: **Vielfalt**

Bloomberg Businessweek gibt ein jährliches Ranking der US-amerikanischen Business Schools heraus. MBA-Programme haben einen starken Einfluss darauf, wie ihre Absolvent:innen – allesamt Trainees für eine zukünftige C-Suite – später einmal im Wirtschaftsleben denken und handeln. Außerdem fungieren sie gleichermaßen als Gatekeeper wie als Karrierebeschleuniger für Topmanagement-Positionen. Von den in 2021 im Ranking berücksichtigen 84 Universitäten gab es lediglich an fünf Schulen eine Geschlechterparität und weniger als zwei Dutzend hatten genügend schwarze und hispanische Studierende, um ihren jeweiligen Anteil an der Gesamtbevölkerung zu erreichen. Um diese mangelnde Vielfalt transparent zu machen, publiziert *Bloomberg Businessweek* fortan einen eigens dafür geschaffenen Diversity Index. Von den Top 10 B-Schools in 2021 erreichte Stanford mit Platz #16 die höchste Einstufung auf diesem Diversity Index.

Leitbegriffe in
diesem Kapitel:

- Blended Learning
- Data Storytelling
- Dispositionelle
  Faktoren
- Diversity
- Dynamic
  Capabilities
- Fähigkeit
- Fertigkeit
- Fixed Mindset
- Growth Mindset
- Kulturindikatoren
- Organizational
  Capabilities
- Ressource
- SCARF-Modell
- Seizing
- Sensing
- Transforming

Glossar auf S. 190

KULTUR & FÜHRUNG

Willkommen. Wir sind bei der Grundfrage angekommen, wie sich Menschen in Unternehmen miteinander aufführen und auf Basis welcher Grundannahmen das geschieht.

Kultur meint die Summe aller Kommunikationen. Führung wiederum die Verteilung dieser Kommunikationen, grob: die Architektur der Kommunikationen.

Zwei Unternehmen erzählen, wie sie einen großen Schritt in Richtung Selbstorganisation und Netzwerkkultur gegangen sind. Abschließend sieben grundsätzliche Deep-Outs als Inspirationsquellen. Zum Mitnehmen.

Dock-In

Dock-In 1: Neustart

Ein Unternehmen verzeichnet einen Wechsel in der Geschäfts-führung. Der neue Chef stellt alles auf den Prüfstand. Er spricht von einer neuen Unternehmens- und Führungskultur. Die alten Hasen in der Firma warten erst einmal ab, die jungen Führungs-kräfte applaudieren und sprechen begeistert von einem Neu-start. Wie inszeniert man einen Führungswechsel?

Dock-In 2: Wir reden miteinander

Die letzte Mitarbeiter:innenbefragung ist ein Desaster für die Führungsriege. Es hagelt Kritik an der Kommunikation mit den Mitarbeitenden. Zu wenig transparent, zu wenig durchlässig, zu wenig kompetent. Wie verbessert man die Gesprächskultur?

Dock-In 3: Agile Anpassung

Das Organigramm soll agil werden. Strukturelle Fragen sind ge-klärt. Wie können Unternehmens- und Führungskultur so ange-passt werden, dass die neuen Strukturen auch im Alltag gelebt werden können?

Dock-In 4: Neue Führungsbeziehungen

In einem internationalen Konzern wird die Organisationsstruk-tur neu definiert. In der Folge zahlreicher interner Veränderungen hat sich auch die Reporting-Struktur erheblich geändert. Eta-blierte Führungskommunikation wird aufgelöst. An ihre Stelle treten neue Führungsbeziehungen, die erst zueinander finden müssen. Wie etabliert man eine neue Führungskultur auf inter-nationalem Parkett?

Dock-In 5: Experimentelle Führung

Die Geschäftsführung ruft, wie es bei Berater:innen heißt, die Ära »experimenteller« Führung aus. Führung solle vielfältiger und resilienter werden. Es werden Lösungen angestrebt, die gang-bar, passend, brauchbar statt perfekt sind. Außerdem soll mehr Selbstorganisation verwirklicht und die organisationale Resi-lienz, mit überraschenden Störungen selbstregulierend umzu-gehen, verbessert werden. Ist Führungsdenken austauschbar?

Dock-In 6: Aufbruch mit Ziel

In der Chefetage herrscht Aufbruchstimmung. Führung müsse konsequent neu gedacht werden. Das althergebrachte Führungs-verständnis funktioniere nicht mehr. Alle Abteilungsleiter:innen sind aufgerufen, neue Ideen, Vorschläge und konkrete Umset-zungsideen zu entwickeln, wie fortan flexibler und agiler geführt werden könnte. Wie wählt man aus der Vielzahl der Ideen das aus, was alle weiterbringt?

Dock-In 7: Zeitverschwendung

Der Tag ist vollgestopft mit Meetings, Entscheidungen und Tä-tigkeiten, die keinen Aufschub dulden. Die Vielzahl der Aufga-ben, die Führungskräfte bewältigen müssen, ist enorm. Zeit für die Mitarbeitenden bleibt dabei wenig. Worauf kommt es bei Führung im Kern an und wie kann sichergestellt werden, dass dafür Platz im Arbeitsalltag ist?

Dock-In 8: Mergerfantasie

Ein Unternehmen fusioniert mit einem ehemaligen Wettbewer-ber. Was in den Bilanzen nach einer Traumhochzeit aussieht, entpuppt sich als kultureller Albtraum. Wie kann es gelingen, die Chance des Mergers zu heben und zu einer gemeinsamen kul-turellen Ausrichtung zu finden?

Dock-In 9: Kulturelles Zielbild

Nach einem Krisenjahr informiert die Geschäftsführung die Mit-arbeitenden über ein neues kulturelles Zielbild. Nicht jeder ist überzeugt, einige zeigen Reaktanz. Wie kann man sie besser in-tegrieren und für eine neue Unternehmenskultur gewinnen?

Dock-In 10: Digitale Führung

Digital Leadership verweist auf ein ganz neues Führungsver-ständnis. Unternehmen in der digitalen Transformation schaf-fen eine neue Arbeitskultur. Remote Work, Hybrid Work, die Arbeitswelt verändert sich grundlegend. Wie muss sich die Un-ternehmens- und Personalführung verändern, um in der Digital Economy erfolgreich zu sein?

> 66 Wenn eine Herausforderung bei Führung und Kultur gelöst ist, gibt es anschließend ›schönere‹ Herausforderungen. Das ist wie beim Sport oder in der Kunst. Wer Häuser malen kann, probiere doch mal Wolken. 99
>
> Annette Malmann, Head of Talent and Org. Development, Oerlikon Textile GmbH

Dock-In 11: Unbewusste Veränderung

Nachdem ein drittes Restrukturierungs- und Effizienzprogramm durchgeführt wurde, hat sich am Verhalten der Führungskräfte und Mitarbeitenden im Alltag noch immer nichts wesentlich geändert. Die Vermutung keimt, dass es hierfür tieferliegende kulturelle Gründe gibt. Wie können diese (unbewussten) Gründe erfasst und besprechbar gemacht werden, um eine echte Veränderung zu initiieren?

Auf diesem Ponton erkunden wir zum Abschluss zwei Resonanzräume: »Kultur« und »Führung«. In Unternehmen tauchen hier die größten Spannungsfelder zwischen Stabilität und Flexibilität auf. Einerseits erfordert die zunehmende Komplexität ein Mehr an flexiblen Formen der Zusammenarbeit, ein Mehr an Innovationshandeln sowie ein Mehr an Lernen. Andererseits sucht das Unternehmen gleichzeitig ein Mehr an stabiler Arbeitsteilung, Effizienz, Prozesssicherheit und Compliance. So entsteht ein Spannungsfeld, in dem Widersprüche, Paradoxien und Unschärfen dominieren und mit einem Mehr an neuen Führungsanforderungen einhergehen.

Diese sogenannte Ambidextrie erfordert deshalb ein Management des Wandels im Außen bei gleichzeitiger Integration dieser Veränderungen und Entwicklungen ins Innere der Organisation, was wiederum die Querverbindungen zwischen den Pontons offenlegt: VUCA führt zu schneller getakteten Veränderungen auf Pontons wie beispielsweise »Produkte & Services«, »Prozesse & Methoden« etc., auf denen schnell Anpassungen durchgeführt werden können und müssen. Das erhöht das relative Gewicht des Pontons »Kultur & Führung«, da dieses Ponton besonders robust und veränderungsstabil ist. Gleichzeitig dient wiederum insbesondere Führung als Veränderungshebel für die vorgenannten Pontons. Human Business Design beschreibt damit die Fähigkeit des kontinuierlichen Wechselspiels und Austarierens zwischen den systemischen Stellhebeln, sprich den Pontons.

Resonanzraum: Kultur

In der Long Version des Resonanzraums »Kultur« begegnen wir zunächst dem Kulturebenen-Modell des amerikanischen Organisationspsychologen Edgar Schein. Bei ihm steht die Kultur als die unbewusste Selbstverständlichkeit im Blickpunkt, die sich im Innersten einer Organisation ausgeprägt hat und über Narrative sowie Storytelling immer wieder zur Selbstvergewisserung von Mensch und Organisation herangezogen werden kann. Denn Kultur ist kein Selbstzweck. Jede Organisation muss für sich definieren, wie Menschen zusammenarbeiten. Wie Führung stattfinden soll. Wie Einfluss verteilt wird. Wie Sanktionierung funktioniert. Dies sind alles kommunikative Akte, die nach Watzlawick nicht nicht stattfinden können. Kultur ist die Antwort auf diese Fragen.

Edgar Schein geht von der Erkenntnis aus, dass drei Ebenen für die kulturelle Wahrnehmung in einer Organisation oder einem Unternehmen relevant sind. Zuerst kommen »die sichtbaren Verhaltensweisen und andere physische Manifestationen, Artefakte und Erzeugnisse«. Sie reichen vom Kommunikationsverhalten mit den Stakeholder:innen bis zur Gestaltung der Parkplätze. Auf dem nächsten Level spielt »das Gefühl, wie es sein sollte«, die entscheidende Rolle. Hierzu gehören kollektive Werte wie Vertrauen, Verantwortung oder Respekt. Auf der tiefsten Ebene finden wir die Grundannahmen, mit denen die Organisation auf die Umwelt reagiert.

Diese im Englischen bezeichneten *basic assumptions* bilden den Kern der Unternehmenskultur. Sie werden weder hinterfragt noch diskutiert und sind im Denken so verwurzelt, dass sie von Mitgliedern der Organisation meist gar nicht bewusst wahrgenommen werden. Stärker als jede:r CEO oder die letzte wegweisende Produktinnovation. Längerfristiger als jeder initiierte Change-Prozess der Geschäftsführung. Carleton und Lineberry schreiben: »Many key organizational issues relating to effectiveness – quality, customer satisfaction, teamwork, innovation, decision making, and flexibility, to name a few – are primarily driven by the organization's culture.« Im Umkehrschluss bedeutet dies, dass Kultur nicht isoliert zu betrachten beziehungsweise zu bearbeiten ist sondern als Produkt des systemischen Kontext.

Fallbeispiel: Talent Density

Ausgangsposition

Ein internationales Medienunternehmen wächst stark. Gleichzeitig nehmen Probleme und Widersprüche zu. Die Intensität der Kommunikationen wird zu stark. Die Geschäftsführung antwortet zunächst mit zahlreichen Regelungen und Verordnungen. Die Mitarbeitenden erhalten einen Normenkatalog für sinnvolles Verhalten. Was aber mittelfristig kontraproduktiv ist. Denn mit jeder weiteren Regel wird die Liste an noch nicht vorgeschriebenen Verhaltensweisen nur noch länger. Und die Widersprüchlichkeit der Regelungen wächst und wächst. Die Geschäftsführung will ihre Strategie ändern und die Regelungsdichte abbauen. Man wagt deshalb einen großen Schritt in Richtung Selbstorganisation und Netzwerkkultur. Vor allem aber setzt man auf die »kulturell-passenden« Menschen und geht damit in Richtung der tiefsten Ebene des Modells von Schein, wie wir gleich sehen werden.

Wie tun wir das?

Durch deutlich größere Freiheitsgrade für alle Mitarbeitenden bei gleichzeitiger Stärkung verbindlicher Verantwortungsübernahme – frei nach dem Motto, dass Urteilsvermögen und nicht ein Prozess die Lösung für fast jedes mehrdeutiges Problem sind. Dazu werden drei aufeinander aufbauende Schwungräder etabliert, vor allem mit dem Ziel, Toptalente am Markt zu finden und zu binden.

Im Sinne von Schein hat das Unternehmen mehr als nur seine sichtbaren Verhaltensweisen und Artefakte verändert: nur die Besten mit der besten Bezahlung schaffen das beste Unternehmen mit den höchsten individuellen Freiheitsgraden und der höchsten systemischen Effizienz. Ein elitärer Anspruch, der hier verwirklicht wird: Nur noch Leute vom gleichen Schlag, die sich konform verhalten. Jede Abweichung wird ausgeschlossen. So wie alle Abweichler:innen. Einklang auf allen drei Kulturebenen.

**Anti-Topdownhebel
im Detail**

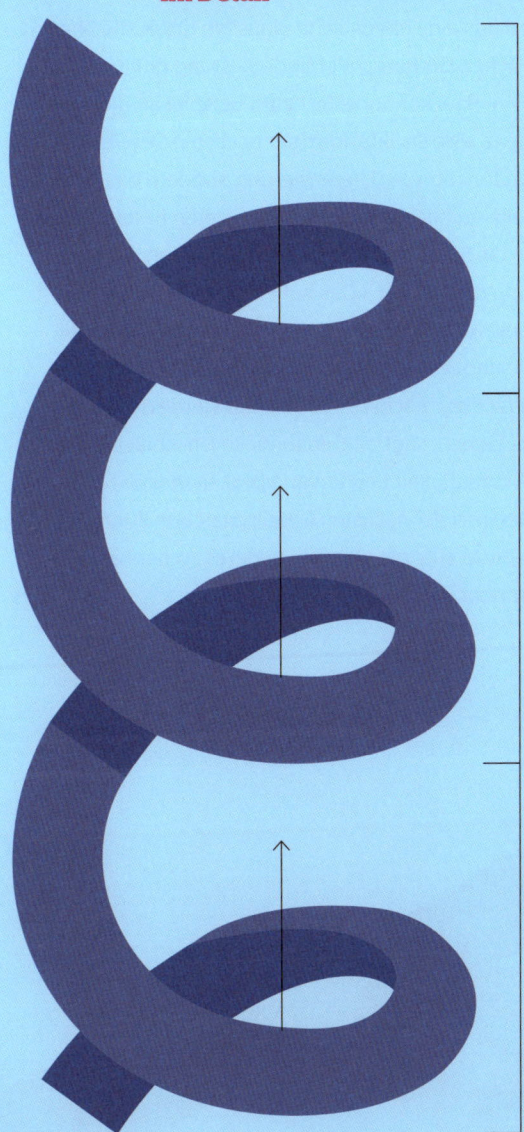

Phase3
Mehr Kontext
- Wir scouten noch besser nach den besten Talenten.
- Wir etablieren permanente Feedbackschleifen.
- Wir ersetzen Mitarbeiter:innen-kontrolle durch kontextuelle Führung.

Phase 2
Mehr Verantwortungsübernahme
- Wir bezahlen unsere High Performer und Toptalente auf höchstem Marktniveau.
- Wir erhöhen die Transparenz auf allen Ebenen der Organisation.
- Wir geben allen Mitarbeitenden mehr Entscheidungskompetenz.

Phase 1
Mehr Freiheitsgrade
- Wir fördern ausschließlich High Performer:innen und Toptalente.
- Wir geben permanent Feedback auf die geleistete Arbeit – immer mit positiver Absicht.
- Wir schaffen Kontrollmechanismen wie Reisekostenverordnung ab.

Das Fallbeispiel zeigt, wie westliche Gesellschaften derzeit diese fundamentale Veränderungsstrategie verfolgen, in der Hoffnung, Kultur und Führung an die neuen Ambidextrien anzupassen. Daran gibt es allerdings eine ebensolche plausible Kritik, die über den problematischen Umgang mit Minderleistung hinausgeht. Der Soziologe Dirk Baecker appelliert zum Beispiel an die Vielfalt und Kontingenz: »Die Strukturform der nächsten Gesellschaft ist nicht mehr die funktionale Differenzierung, sondern das Netzwerk. An die Stelle sachlicher Rationalitäten treten heterogene Spannungen, an die Stelle der Vernunft das Kalkül, an die Stelle der Wiederholung die Varianz.« Das hat Folgen: Die Kulturform der nächsten Gesellschaftsstufe ist die Komplexität, ihre Integrationsform die unbekannte Zukunft, »erfahren und bewältigt als Krise«. Und erst diese nächste Gesellschaft werde die Konsequenzen daraus ziehen, sagt er. Genau diese Unschlüssigkeit, der Mangel an Eindeutigkeit und Zuverlässigkeit mache für ihn das kulturelle Merkmal der nächsten Gesellschaft aus. Zugrunde liegt ihr die Idee, »das eine nie ohne ein anderes zu denken, das mitläuft, widerspricht und ergänzt«.

Fallbeispiel: Storytelling

Ausgangsposition

Bei einem schwäbischen Maschinenbauer geht die Ära des Patriarchen zu Ende. Das Familienunternehmen sucht eine:n Nachfolger:in. Der Senior aber misstraut seinen Kindern und überlegt eine:n CEO von außen zu holen, selbst aber im Aufsichtsrat die Kontrolle weiter aufrechtzuerhalten. Es gilt, einen grundlegenden Generationenübergang zu gestalten, bei dem der Senior um das Lebenswerk bangt und die Junior:innen sich sorgen, dass das Unternehmen seine Zukunft verpasst.

Wie tun wir das?

Der Kern der Aufgabe besteht darin, die unbewusste Selbstverständlichkeit der identitätsstiftenden Kultur eines Familienunternehmens zu dechiffrieren. Was etwas anderes ist als »Ich mache es richtig und Du machst es falsch« (vgl. Define Phase des HBD Prozesses). Die erweiterte Geschäftsführung überzeugt den Patriarchen, zunächst einen Storytelling-Prozess zu etablieren, um die beiden tiefergehenden Ebenen (siehe Edgar Schein) zu erreichen. Werte und Purpose des Unternehmens werden thematisiert und darüber die individuellen wie intersubjektiven Grundannahmen freigelegt. Coaches helfen dabei, die vielschichtigen Rollen-Sets der Familienmitglieder (Vater / Kinder, CEO / Bereichs- und Abteilungsleiter:innen, Entrepreneur:innen / Teambuilder:innen etc.) besprechbar zu machen und angstfreie Räume für offene Rückmeldungen zu kreieren.

Am Ende werden jene Kulturbestandteile sichtbar, deren Statik belastbar genug ist, um das Bewährte mit dem Begehrten, das heißt Tradition mit Zukunft zu verbinden. Damit werden auch zeitgeistige Artefakte und Symbole als ebensolche transparent und können ihren Platz der Vergänglichkeit einnehmen. Das Ying und Yang aus zu bewahrendem Kern und zu stimulierenden Fortschritt, wie Collins und Porras es nennen, wird für alle erlebbar. Der Prozess verläuft alles andere als konfliktfrei. Konflikte werden aber zumeist als Chance für Klärung und persönliches Wachstum anerkannt. Dadurch fungieren alle Beteiligten, insbesondere die Familienmitglieder, als Rollenvorbilder im Unternehmen und selbstverstärken die Kultur.

**Resonanzraum:
Führung**

»Daily behavior of management is a major driver of culture. People focus on what managers do – on observable behavior – rather on what they say.«, schreiben Carleton und Lineberry. Damit Willkommen in der Short Version des Resonanzraums »Führung«. Ihre einfachste Definition, so Lutz von Rosenstiel, lautet: »Führung ist die bewusste Beeinflussung von Menschen zur Erreichung organisationaler Ziele.« Führung ereignet sich demzufolge zwischen Individuen und innerhalb einer Organisation. Als Verhalten offensichtlich, ist sie andererseits in ihren Grundannahmen und Haltungen oft kaum bis gar nicht sichtbar.

Wir unterscheiden folgende Führungskompetenzen:

Funktionale Führungskompetenzen
Wie gut gelingt es, ...
... Klarheit zu Zielen, Rollen und Aufgaben
zu schaffen?
... die richtigen Prioritäten im Sinne des
Unternehmens und der Kunden zu setzen?
... Teams zu überzeugenden Ergebnissen
zu führen?

Emotionale Führungskompetenzen
Wie gut gelingt es, ...
... eine Umgebung psychologischer Sicherheit
zu schaffen?
... die Mitarbeitenden bezüglich künftiger
Veränderungen abzuholen und zu begeistern?
... die eigene und die Belastbarkeit
der Mitarbeitenden zu regulieren?

Soziale Führungskompetenzen
Wie gut gelingt es, ...
... Beziehungen über Silos hinweg aufzubauen?
... heterogene und leistungsfähige Teams zu
formen und zu entwickeln?
... konstruktiv Feedback zu geben und
Konflikte zu lösen?

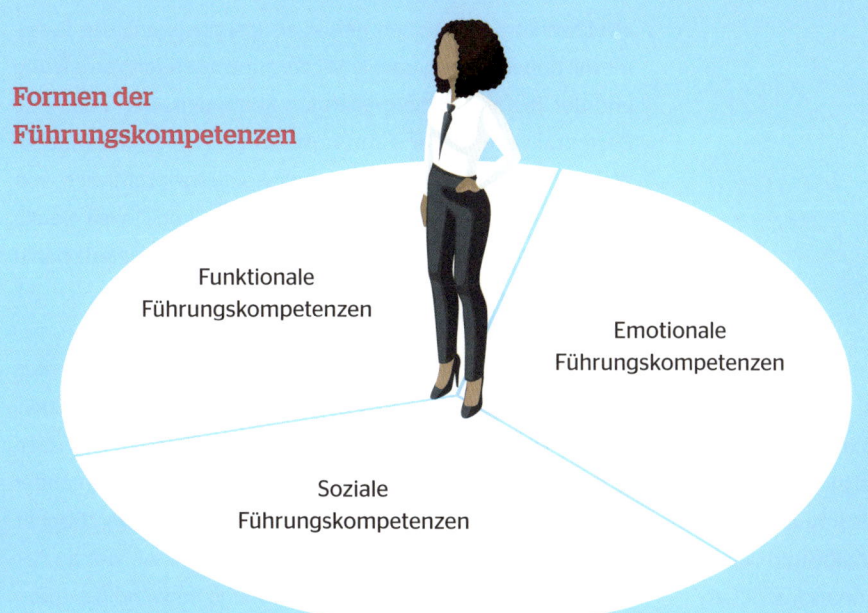

Formen der Führungskompetenzen

Funktionale
Führungskompetenzen

Emotionale
Führungskompetenzen

Soziale
Führungskompetenzen

Dahinter steht die Überzeugung, dass Führung in Zukunft stärker geteilt werden könnte. Das heißt, alle üben gemeinschaftlich Führungseinfluss aus. Was wiederum bedeutet, dass jedes Mitglied eines Teams unterschiedliche Führungsfunktionen übernehmen kann. Das Ziel sollte für jede:n sein, »eine bessere Version von sich selbst zu werden – sich persönlich weiterzuentwickeln und damit für die Mitarbeiter zu einem Vorbild, zu einem Vorreiter der Veränderung und des Über-sich-Hinauswachsens zu werden«.

Während klassische Führung bedeutet, die unternehmerischen Aktivitäten durch zentralisierte Führungsfunktionen planen und steuern zu wollen, versucht der Ansatz der geteilten Führung, auf die Herausforderungen der zunehmenden Vernetzung in Gesellschaft und Märkten zu reagieren. Jan Christopher Pries, ehemaliger Mitarbeiter von HRpepper und heute Professor für Organisations- und Personalpsychologie, schreibt:

»Netzwerkorganisationen gelten als lösungsorientierte Systeme mit hoher Eigendynamik. Mit der zunehmenden Vernetzung und der hierarchieübergreifenden Kommunikation geht eine Dezentralisierung der Führungsmacht einher.« Mit anderen Worten, VUCA beeinflusste Arbeitskontexte profitieren von Führungssystemen nach Geteilter-Führung-Logik, weil sie die situative Deutungshoheit und Entscheidungskompetenz dahin verlegen, wo sie hingehört.

In jedem Fall wird Führung vielfältiger, vernetzter und bunter. Die klassische Linienorganisation steht vielerorts zur Disposition. Martina Nieswandt von der Denkwerkstatt für Manager:innen ist überzeugt von lateraler Führung: »Angesichts zunehmender Komplexität trifft eine zentrale Grundannahme hierarchischer Organisation nicht mehr zu: die Vorstellung, dass wer an der Spitze steht, alle für eine gute Entscheidung notwendigen Informationen vorliegen hat. Wir müssen heraus aus dem klassischen hierarchischen Denken hinein in die laterale Welt!« Hier zeigen sich Ansätze eines völlig neuen Führungsverständnisses, das ein gleichberechtigtes und gleichzeitiges Nebeneinander unterschiedlicher Führungsrollen sowie einen Mix aus pragmatischem Handeln, engagierter Werteorientierung und Experimentierfreude zum Ziel hat. Beispielsweise lassen sich nach Me&Company in agilen Organisationen folgende spezifischen Führungs- und Autoritätsrollen wiederfinden, die in klassisch geführten Unternehmen üblicherweise in einer Führungsposition zusammengefasst sind:

- Architekt:in, die:der fokussiert und ordnet.
- Coach:in, die:der befähigt und voranbringt.
- Visionär:in, die:der mitreißt und begeistert.
- Sponsor:in, die:der bewertet und investiert.
- Owner:in, die:der priorisiert und abliefert.
- Manager:in, die:der entscheidet und kontrolliert.

Im Sinne der Ambidextrie geht es allerdings nicht um ein Ent- oder Weder, sondern Organisationen sind gefordert, je nach den

66 Eine integrierende und inspirierende Kultur ist eine große Aufgabe und der gemeinsame Schatz für das gesamte Team im Unternehmen. Führung hat dafür eine besondere Verantwortung – sie ist Vorbild, sie schafft die bestmöglichen Rahmenbedingungen und gibt Impulse für die weitere Entwicklung und Erneuerung. Dafür braucht es Überzeugung, Mut, Herzblut und eine tragende innere Verbundenheit. 99
Kathrin Krömer, Leiterin Personal- und Führungskräfteentwicklung, Deutsche Bahn AG

Hybride Führung

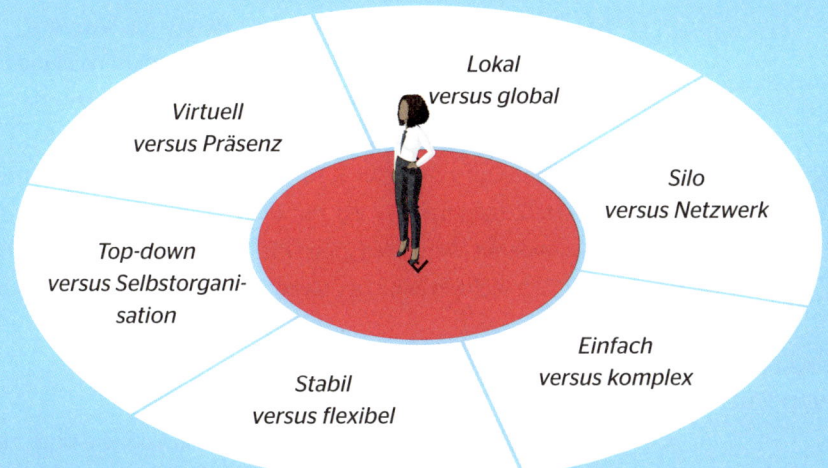

Erfordernissen unterschiedliche Führungsmodi zur Anwendung zu bringen – mithin hybrid zu führen. Dahinter steht die Vorstellung einer ausgeprägten Selbstorganisation von Individuum und Organisation mit dem bewussten Oszillieren zwischen Polen, die kontextabhängig unterschiedliches Führungsverhalten erfordert.

Kurzimpulse

- Florian Rustler, Nadine Krauss, Jens Springmann, Daniel Barth, Isabela Plambeck: *Future Fit Company. Individuelle Trainingspläne für Macher, Entscheider und Veränderer.* Selbstreflexion und Selbsthinterfragung, ob es im Unternehmen einen Widerspruch zwischen menschlichem Umgang miteinander und wirtschaftlichem Erfolg gibt.
- Wolf Lotter: *Zusammenhänge. Wie wir lernen, die Welt wieder zu verstehen.* Zusammenhang braucht Zusammenarbeit, kollaboratives Denken und Kooperation. Es geht um Kommunikation, um

Austausch, um gegenseitiges Verstehenwollen als Voraussetzung für das Verstehenkönnen.

- Dirk Baecker: *4.0. oder Die Lücke, die der Rechner lässt.* Die Strukturform der nächsten Gesellschaft ist nicht mehr die funktionale Differenzierung, sondern das Netzwerk.

Im Deep-Out zu »Kultur & Führung« erhalten wir die konzentrierte Zusammenfassung zur weiteren Verwendung auf den Weltmeeren. Wir wollen Ihnen hier weitere Inspirationsquellen und Sichtachsen anbieten. Sieben stabile Erkenntnisse aus der Praxis.

Deep-Out

Deep-Out 1: Die Frage nach dem Warum

Es gibt keine perfekte Kultur oder Führung in einem Unternehmen. Es geht vielmehr um die Passung zwischen Außen und Innen. Es geht um das Management der Ambidextrie. Zu Beginn eines Prozesses muss die Frage des Warums beantwortet werden. Dieses Warum muss stark genug sein, um später die Schmerzen des Prozesses auf sich nehmen zu wollen. Der Soziologe Andreas Reckwitz betont, dass sich keine homogene Effizienz oder Perfektion in Wirtschaft und Gesellschaft mehr herausbilden kann. Es komme vielmehr zu einer Explosion des Besonderen. »In den letzten Jahren ist zunehmend deutlich geworden, wie stark der Bruch zwischen beiden Formen der Moderne ist: Der Industrialismus hat standardisiert und war am Ende egalitär, die postindustrielle Gesellschaft wirkt kulturalisierend und singularisierend.« Die gleichzeitige Arbeit an Individuum und System ist eine der zukünftig stärksten Herausforderungen. Man müsse sich dabei bewusst sein, dass diese Singularisierung immer ein sozialer Fabrikationsprozess sei, in dem Elemente einzigartig *gemacht* würden. So erhält jedes Unternehmen seine besondere, ja einzigartige Formatierung von Kultur und Führung. Und jeder Mitarbeitende ist aktiver Teil dieses Geschehens.

Deep-Out 2: Sichtbare Artefakte

Machen wir uns deshalb nichts vor: Keiner kann in jedem Moment sagen, was seine Unternehmenskultur wirklich ausmacht.

Der Prozess dahinter ist singulär, einzigartig und permanent. Auf der anderen Seite kann jeder mitreden, es geht ja auch um sichtbare Artefakte. Genau wie beim Thema »Führung«. Denn jeder ist sowohl Führungskraft als auch Geführte:r. Um beide Themen diskussions- und besprechungsfähig zu machen, bedarf es erhellender Übersetzungskonstruktionen. Zum Beispiel das Competing Value Framework (CVF von Cameron & Quinn).

Competing Values Framework

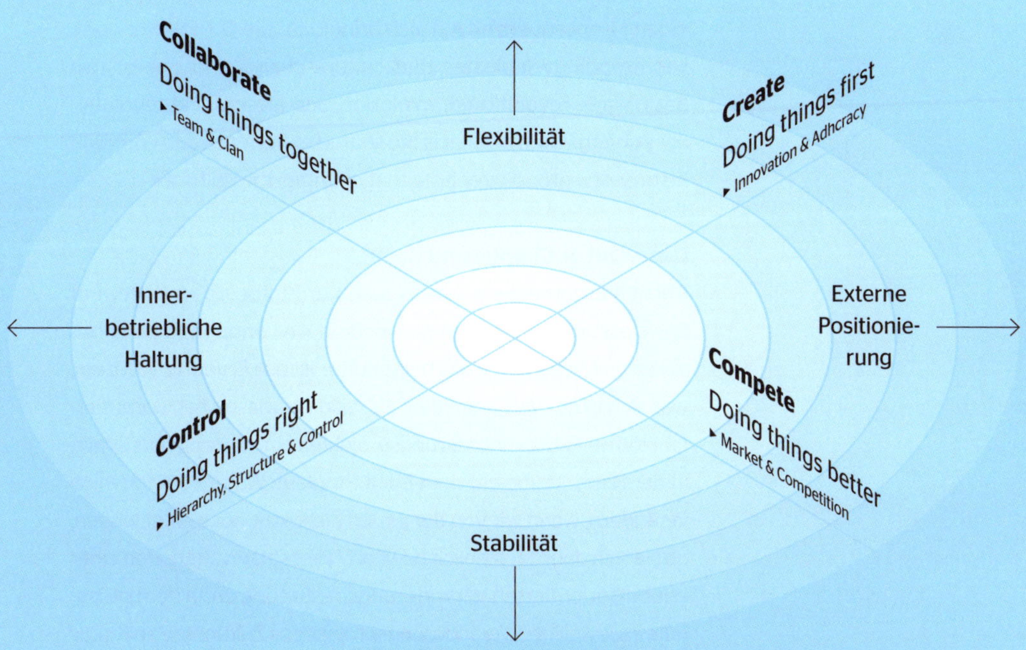

Collaborate
Doing things together
▸ Team & Clan

Flexibilität

Create
Doing things first
▸ Innovation & Adhcracy

Inner-
betriebliche
Haltung

Externe
Positionie-
rung

Control
Doing things right
▸ Hierarchy, Structure & Control

Compete
Doing things better
▸ Market & Competition

Stabilität

Deep-Out 3: Guiding Coalition

Die Artefakt Ebene in Scheins Kulturmodell fungiert quasi als Proxy beziehungsweise Spiegelbild der anderen beiden Ebenen. Daher sind Beobachtung und Offenheit in der Ansprache und Benennung des Beobachteten essenzielle Techniken für die Identifikation und Veränderung der zugrundeliegenden Wertvorstellungen und Grundannahmen (vgl. Understand Phase des HBD Prozesses). Doch allein der Akt der Bewusstseinsmachung (das heißt das öffentliche Ansprechen) stellt häufig schon eine Irritation, mitunter sogar eine Provokation dar. Nicht zuletzt deswegen ist es so notwendig, dass Kulturprojekte von ganz oben gewollt und gesponsert sind beziehungsweise dass die sogenannte »Guiding Coalition«, wie Kotter sie nennt, groß und mächtig genug ist, um der Organisation, das heißt allen Menschen die offizielle Erlaubnis für Irritationen explizit zu geben. Kulturentwicklung alleine durch einen Bottom-up-Ansatz zu betreiben wäre damit quasi nur als Revolution denkbar, was ganz eigene Konsequenzen mit sich bringt, auf die O'Toole verweist: »anthropology indicates that culture changes in one of two basic ways, revolution or evolution, and attempts at revolutionary change always fail; it is the shared experience and common history of a group over time that changes the culture.«

Deep-Out 4: Change und Keep

Ähnlich argumentiert Schein, wenn er Kultur als »a pattern of basic assumptions ... that has worked well enough to be considered valid« definiert, das heißt Kultur ist das Ergebnis von dem, was sich in der Vergangenheit als valide erwiesen hat. Daraus ergibt sich in Kulturveränderungsprojekten ein interessantes Spatz-in-der-Hand, Taube-auf-dem-Dach Problem: Warum soll ich mich verändern, wenn wir von der neuen Zielkultur noch nicht wissen, ob sie sich denn tatsächlich bewährt? Hier setzen Methoden einer erlebnisorientierten Veränderungsgestaltung an, in dem sie bereits im jeweiligen Veränderungsprojekt das Zukünftige an Kultur und Führung erlebbar machen, beispielsweise durch veränderte Kommunikationsformen, Zusammenarbeitsmethoden, Begegnungsrituale, Entscheidungsroutinen etc. Diese erlebbaren Veränderungen in Bezug auf das Begehrte sind gleichzeitig so aus-zugestalten, dass sie in Balance zu dem Bewährten stehen (vgl. Abb. Brücke Ponton »Orientierung & Selbststeuerung«). Mit an-deren Worten, Kulturwandel bedeutet Balance aus Change & Keep Management.

Deep-Out 5: Resiliente Kultur

Kultur ist das längste und schwierigste Veränderungsobjekt in Organisationen. Es braucht viel Spannungs- und Frustrations-toleranz. Es ist zäh und häufig nicht greifbar. Kultur ist sehr ro-bust und tief im Feinstofflichen der Organisation verwoben, das heißt in den teilweise unausgesprochenen, unbewussten Grund-annahmen der Organisation. Das macht Kultur so widerstands-fähig. In jedem Fall sollte man davon ausgehen, dass Kultur-prozesse mindestens zwei Jahre dauern. Einige Effekte sind womöglich vorher schon spürbar, meist jedoch in Form von Widerständen, Konflikten oder Unbequemem (Erstverschlimme-rung). Tatsächlich ist dies häufig ein gutes Zeichen, denn es zeigt, dass man auf die Ebenen der Werte und Grundannahmen vor-stößt. Diese aber irritieren (man geht ja schließlich dahin, wo es weh tut). Es gilt, die dahinterliegenden Reflexionsprozesse oder Irritationen ins aktive Bewusstsein zu führen.

An dieser Stelle sollte man auch die Rolle der Beratenden neu bewerten. Auch hier hat Edgar Schein sich Gedanken ge-macht. Der Mitbegründer der Organisationspsychologie und der Organisationsentwicklung nennt es Humble Consulting. Er meint damit die Kunst des vorurteilslosen Beratens. Das Modell geht davon aus, dass Helfende sich engagieren, echte Neugier und eine fürsorgliche Einstellung mitbringen und herausfinden möchten, was die Kund:innen tatsächlich beunruhigt. Nur so lässt sich eine offene und vertrauensvolle Beziehung aufbauen, die für beide Seiten zielführend ist. »Wenn sich herausstellt, dass das Problem einfach und klar ist, kann der Helfende gegebenen-falls die Rolle des Experten oder Arztes übernehmen oder den Klienten an einen Experten oder Arzt überweisen. Erweist sich das Problem indessen als komplex und chaotisch, erkunden Klient und Berater gemeinsam eine praktikable Anpassungsbewegung, wohl wissend, dass dies das Problem vielleicht nicht löst, aber sich als hilfreich erweisen und neue Informationen aufdecken wird, auf deren Grundlage man die nächste Anpassungsbewegung entwickeln kann.«

Deep-Out 6: Unternehmenswährung

In traditionellen Führungslogiken werden Führungspositionen oft mit Status und Macht assoziiert. Heutige Führungskonzepte sind hingegen eher Ausdruck eines dienenden Selbstverständnisses, wobei der Dienst so zu verstehen ist, dass sich die Führungskraft letztlich verzichtbar macht (vgl. jährliches Nominationsverfahren bei HRpepper). Mit anderen Worten: in solchen Systemen ist eine Führungskraft nur dann unverzichtbar, wenn sie ihren Job schlecht gemacht hat. Oder Dürre in der Talent Pipeline herrscht. Was zu den breiteren Fragen führt, die auch in anderen Pontons angesprochen werden (wie etwa »Orientierung & Selbststeuerung« sowie »Verantwortung & Struktur«): Was ist die Währung in einer Organisation? Was sind die Macht-Allokationsmechanismen? Wofür bekomme ich in dieser Organisation Macht? Wo werden offizielle Ziele und Erfolgsmaßstäbe postuliert, die in Wahrheit im Widerspruch zu unbewussten Verhaltensweisen stehen, die implizit honoriert werden?

Deep-Out 7: Vom Ich zum Wir

Führung bedeutet, den Wandel zu einer flexiblen und vernetzten Arbeitskultur einzuleiten, anzupassen und vorzuleben. Die Herausforderung ist, den Wegfall tradierter Stabilitätsanker auf den Ebenen Individuum und Gruppe bewusst zu kompensieren. Das erfordert die Ausgestaltung einer neuartigen Führungs- und Kommunikationsbeziehung entlang einer Entfaltungslinie vom Ich zum Wir. Das Ich steht in engem Kontakt mit sich selbst, seinem Körper und hat ein Gespür dafür, wie es in die Welt gestellt ist. Im Kontakt mit anderen verlässt es seine Komfortzone, stellt Fragen anstatt zu senden, hört aufmerksam zu. Durch seine Bereitschaft und Offenheit, sich die Sichtweisen anderer anzueignen, kreiert es zusammen mit anderen eine höhere Form von Gemeinschaft – ein gemeinsames Resonanzerleben.

Leitbegriffe in diesem Kapitel:

- Basic Assumptions / Grundannahmen
- Digital Economy
- Experimentelle Führung
- Geteilte Führung
- Guiding Coalition
- Humble Consulting
- Kontextuelle Führung
- Laterale Führung
- Organisationale Resilienz
- Psychologische Sicherheit
- VUCA

Glossar auf S. 190

Kulturentwicklung

**Die größten Herausforderungen
auf dem Weg zur Umsetzung von
Kulturprojekten**

Riff der Konflikte
Konflikte sind ein
Zeichen des Fort-
schritts – fühlen sich
aber nicht so an.

Vorstandsklippe
Der Vorstand
ist sich nicht einig
über die Ziele und
die Relevanz der
Kultur.

**Untiefe der
Eindimensionalität**

Kultur wird rein als
HR-Thema gesehen,
ohne Beteiligunhg
des Geschäfts.

Isola Extra
Kultur wird
getrennt von
Geschäftsthemen
bearbeitet.

**Brandung
der Enttäuschung**
Enttäuschung, wenn
Dinge sicht nicht
schnell genug ändern.

**Fels der
Beharrlichkeit**
Die Kraft
der Beharrlichkeit.

Wer sind wir?

- **Pontonbauer:innen**
- Managementberater:innen
- Transformationsbegleiter:innen
- Lernende
- Inspirierende
- Forschende
- Brückenbauer:innen
  - Substanz
  - Evidenzbasiert
  - Visionäre Kraft
  - Verantwortung für Zukunft
  - Leidenschaft
  - Optimistische Leichtigkeit
  - Unvoreingenommenheit
  - Menschenzentrierung
  - Erlebnisorientierung

Was machen wir?

- Orientierungsangebot schaffen
- Den Leser:innen Mut machen
- Entlastung schaffen
- Perspektivenvielfalt darstellen
- Standpunkt einnehmen
- Bis ins Detail durchdenken
- **Systemverständnis unkonventionell präsentieren**
- Selbstvergewisserung betreiben
- Identitätsangebot schaffen
- Lust vermitteln
- Systemisches Irritieren
- Zur Aktivität anstiften
- Überraschen
- Kontakt- / Diskursfläche schaffen
- Voneinander lernen

Welche Art von Leistung erbringen wir?

- Wir ringen um ähnliche Fragen wie unsere Kund:innen.
- Wir vermitteln Zuversicht auf Lösungsräume.
- Wir bearbeiten »dicke Bretter« und es lohnt sich.
- Wir entwickeln das Verhältnis Mensch / Organisation weiter.
- Wir führen keine neuen Buzzwords ein.
- Wir stehen auf den Schultern von Riesen.
- Wir beschäftigen uns mit Entfremdung.
- Wir sind Verlernende von gängigen Mustern.
- Wir sind gute Begleiter:innen – offen, vertrauenswürdig.

- Wir bieten eine Reibungs-, keine Projektionsfläche.
- **Wir stellen Verbindungslinien zwischen Gegensätzen her.**
- Wir schaffen Erkenntnisse für Menschen, die keine Bücher lesen.
- Wir wollen Orientierung / Identität schaffen.
- Wir wollen mehr anschluss-fähige Kund:innen für eine nachhaltige Arbeitswelt.
- Wir geben einen Vorge-schmack, wie die Zusammenar-beit in Zukunft aussehen würde.
- Wir geben einen Bezugs-rahmen, in dem sich die Kund:innen / Leser:innen einordnen können.

- Wir drücken Verlässliches aus und geben die Möglichkeit, es auf sich zu beziehen.
- Wir erschüttern Überzeugungen.
- Wir leisten einen Beitrag zu einer positiven Zukunft.
- Wir zeigen Vielfalt.
- Wir bieten eine intellektuelle Inspiration.
- Wir sind nicht Teil einer berater:innenperfekten Welt, sondern Verbinder:innen / Connector:innen / Inspirator:innen alterna-tiver Lösungsräume.

Wir Leser:innen

bauen einen eigenen Sinnzusammenhang, wie uns das Buch anstiften könnte. Koppeln Sie einfach Begriffe und Sätze, die in der Lektüre bei Ihnen am nachhaltigsten wirken. Zum Beispiel (siehe oben in Farbe): »Pontonbauer:innen präsentieren ein unkonventionelles Systemverständnis und stellen Verbindungs-linien zwischen Gegensätzen her.« Sie können auch eigene Sätze und Begriffe hinzufügen und koppeln.

Abduktion, abduktives Denken *Ein Schlussverfahren, das sich von der Deduktion und Induktion dadurch unterscheidet, dass es die Erkenntnis erweitert.* ▸ Produkte & Services

Ablauforganisation *Definiert die Arbeitsprozesse in den vorgegebenen Strukturen.* ▸ Prozesse & Methoden

Activity-based Working *Beschreibt ein flexibles Prinzip der Arbeit, bei der alle Mitarbeitenden sich für ihre momentane Aktivität ein funktionierendes Arbeitsangebot suchen.* ▸ Orte & Räume

Agilität *Bezeichnet die Fähigkeit, flexibel und anpassungsorientiert in Bezug auf notwendige Veränderungen zu agieren, wie z. B. veränderte Kundenbedürfnisse.* ▸ Verantwortung & Struktur

Algorithmus *Bezeichnet eine eindeutige Handlungsvorschrift zur Lösung eines Problems.* ▸ Prozesse & Methoden

Alignment *Harmonie zwischen einzelnen Elementen eines Systems. Hier zwischen Arbeitsinhalt und kulturellen Werte-Erwartungen der Umwelt an selbige Arbeit.* ▸ Orientierung & Steuerung

Ambidextrie *»Beidhändigkeit« beschreibt die Notwendigkeit, dass gleichzeitig sowohl Stabilität / Effizienz / Exploitation als auch Flexibilität / Innovation / Exploration in einem Unternehmen stattfinden.* ▸ Verantwortung & Struktur

Aufbauorganisation *Definiert die Organisationsstruktur eines Unternehmens.* ▸ Verantwortung & Struktur

Automatisierung *Bezeichnet nach DIN das Ausrüsten einer Einrichtung, so dass sie ganz oder teilweise ohne Mitwirkung des Menschen bestimmungsgemäß arbeitet.* ▸ Prozesse & Methoden

Basic Assumptions / Grundannahmen (nach Schein) *Basic Assumptions bzw. Grundannahmen sind der (teils unterbewusste) Kern der Unternehmenskultur, der in Edgar Scheins Kulturebenen-Modell auf der tiefsten von drei Ebenen zu finden ist.* ▸ Kultur & Führung

Blended Learning *Beim Blended Learning werden die Vorteile aus dem E-Learning und dem Lernen in Präsenzveranstaltungen kombiniert.* ▸ Ressourcen & Fähigkeiten

Care Economy *Die Care-Economy oder auch Care-Ökonomie umfasst alle Tätigkeiten, bei denen sich um Menschen gesorgt wird oder Menschen versorgt werden.* ▸ Orte & Räume

Co-Working *Beschreibt eine Zusammenarbeit in heterogenen Projektgruppen verschiedener Arbeitgeber, Start-ups oder Selbstständiger auf geteilten Büroflächen, um voneinander zu profitieren, beispielsweise, um unkonventionelle und innovative Lösungen zu finden.* ▸ Orte & Räume

Communities *Informelle / lose Strukturen in einer Organisation zu verschiedenen Themenschwerpunkten.* ▸ Verantwortung & Struktur

Critical Incidents *Beschreiben exemplarische Geschäftssituationen, in denen ein für den (Geschäfts-)Erfolg kritisches Verhalten in seiner positiven bzw. negativen Ausprägung besonders deutlich wird.* ▸ Orientierung & Selbststeuerung

Data Mining Algorithmen *Durchscannen möglichst autonom und effizient große Datenmengen nach interessierenden Mustern.* ▸ Prozesse & Methoden

Data Storytelling *Beschreibt die Fähigkeit, Daten nicht nur durch Zahlen oder Diagramme darzustellen, sondern sie für Menschen verständlich zu erzählen.* ▸ Ressourcen & Fähigkeiten

Deep-Out *Beinhalten fundamentale Erkenntnisse des jeweiligen Ponton-Themas.* ▸ Anpassung, Methoden, Lösungen

Design *Bedeutet, Elemente und Formen bewusst zu gestalten, um den Dingen einen Sinn zu geben.* ▸ Menschen, Unternehmen, Wandel

Design Thinking *Agiler Ansatz zur Lösung komplexer Problemstellungen, bei dem die Erfüllung der Bedürfnisse der Anwendenden im Vordergrund steht.* ▸ Prozesse & Methoden

Design-Kriterien *Dienen im Sinne von qualitativen Anforderungen als Bewertungsmaßstab für die Auswahl von Gestaltungsoptionen.* ▸ Verantwortung & Struktur

Digital Economy *Wirtschaft auf der Basis von Computertechnologien.* ▸ Kultur & Führung

Digitalisierung *Bezeichnet im engeren Sinne die Umwandlung von analogen in digitale Datenformate. Im weiteren Sinne beschreibt der Begriff die digitale Transformation und Durchdringung aller Bereiche von Wirtschaft, Staat, Gesellschaft und Alltag.* ▸ Prozesse & Methoden

Dispositionelle Faktoren *Angelegte, aber nicht manifeste Möglichkeiten, z. B. Verhaltensmöglichkeiten, die aber (noch) nicht in konkretem Verhalten sichtbar werden.* ▸ Ressourcen & Fähigkeiten

Diversity *»Vielfalt«, im Unternehmenskontext ist damit Vielfalt in der Mitarbeiterschaft in Bezug auf verschiedene Dimensionen wie Nationalität, Geschlecht oder Religion gemeint.* ▸ Ressourcen & Fähigkeiten

Dock-In *Hier werden ausgewählte Problem- und Aufgabenstellungen dargestellt, welche mit der Dock-In-Realität des eigenen Unternehmens abgeglichen werden können.* ▸ Anpassung, Methoden, Lösungen

Dynamic Capabilities *Fähigkeiten eines Unternehmens, interne und externe Kompetenzen zu integrieren, entwickeln und neu zu gestalten, um auf ein sich rasch veränderndes Umfeld zu reagieren.* ▸ Ressourcen & Fähigkeiten

Embodiment-Bewegung *Betont, dass psychische Prozesse sich stets in einem Körper manifestieren. Der Einbezug des Körpers ist aus dieser Perspektive für Veränderungsarbeit zentral.* ▸ Orte & Räume

Employee Experience Design *Die Erzeugung positiver Mitarbeitendenerlebnisse (Employee Experiences) wird als Basis für das Erzeugen herausragender Kund:innenerlebnisse (Customer Experiences) gesehen.* ▸ Produkte & Services

Erlebnis *Die Wahrnehmung einer Situation. Veränderungen werden über bewusst gestaltete Erlebnisse erfahrbar und sind damit einfacher zu verinnerlichen.* ▸ Menschen, Unternehmen, Wandel

Experience Economy *Eine Ökonomie, bei der die Bereitstellung von Kund:innenerlebnissen im Vordergrund steht (und nicht mehr der bloße Verkauf von Dienstleistungen / Produkten) und ein direktes Wirkungsverhältnis zwischen den Erlebnissen von Kund:innen und Mitarbeitenden besteht.* ▸ Produkte & Services

Experimentelle Führung *Unter experimenteller Führung wird eine vielfältigere und resilientere Führung verstanden, die in ihren Lösungen nicht Perfektion, sondern Umsetzbarkeit und Nützlichkeit anstrebt.* ▸ Kultur & Führung

Exploitation *»Ausbeuten«. Dabei geht es um das Optimieren und effiziente Ausnutzen bestehender Lösungen und Produkte, z. B. zur Befriedigung aktueller Kundenwünsche.* ▸ Anpassung, Methoden, Lösungen

Exploration *»Erkunden«. Dabei geht es um experimentelles Erkunden neuer Lösungsmöglichkeiten und Produkt-Innovationen, z. B. zur Befriedigung künftiger Kundenwünsche.* ▸ Anpassung, Methoden, Lösungen

Fähigkeit *Beschreibt das Vermögen eines Systems, in sich selbst oder in etwas anderem eine Veränderung herbeizuführen.* ▸ Ressourcen & Fähigkeiten

Fertigkeit *Bezeichnet einen erlernten oder erworbenen Anteil des Verhaltens und baut auf der Fähigkeit als Voraussetzung für die Realisierung einer Fertigkeit auf.* ▸ Ressourcen & Fähigkeiten

Fixed Mindset *Personen mit einem Fixed Mindset halten ihre Fähigkeiten für festgelegte und nicht änderbare Eigenschaften.* ▸ Ressourcen & Fähigkeiten

Flow *Als Flow wird das erfüllende Gefühl des absoluten Vertieftseins in eine Tätigkeit beschrieben. Dabei findet*

zwischen Bewusstsein und Handlung eine Verschmelzung statt. ► Orientierung & Selbststeuerung

Geteilte Führung *Die Idee geteilter Führung ist, dass Führungseinflüsse gemeinschaftlich aufgeteilt werden, sodass jedes Teammitglied unterschiedliche Funktionen der Führung einnehmen kann.* ► Kultur & Führung

Glokalisierung *Das Konzept der Glokalisierung beruht darauf, dass Globalisierung Lokalisierung voraussetzt. Um global handeln zu können, brauche es zuerst eine Lokalisierungsstrategie.* ► Orte & Räume

Governance *Rechtliches und faktisches Steuerungs- und Regelungssystem zum Leiten und Betreiben eines Unternehmens.* ► Verantwortung & Struktur

Growth Mindset *Personen mit einem Growth Mindset halten ihre Fähigkeiten für veränderbar durch Anstrengungen.* ► Ressourcen & Fähigkeiten

Guiding Coalition (nach Kotter) *ist eine Arbeitsgruppe aus Vertretern aller Ebenen der Hierarchie, die das Veränderungsprojekt vorantreibt und unterstützt. Dabei muss sie sich aus Personen zusammensetzen, denen die Führung vertraut, und zumindest einige herausragende Führungskräfte und Manager umfassen.* ► Kultur & Führung

Heuristik *Bezeichnet ein analytisches Vorgehen, bei dem mit begrenztem Wissen über ein System mit Hilfe mutmaßender Schlussfolgerungen Aussagen über das System getroffen werden.* ► Prozesse & Methoden

Homo oeconomicus *In der Wirtschaftstheorie beschreibt der Homo oeconomicus einen strikt rational und nach Wirtschaftlichkeit denkenden und handelnden Menschen.* ► Anpassung, Methoden, Lösungen

Humble Consulting (nach Schein) *Das Verständnis der Rolle des:der Berater:in als vorurteilslose:r Berater:in, der:die mit Neugier wirklich nachvollziehen möchte, worin die Probleme der Kund:innen liegen.* ► Kultur & Führung

Hybride Organisation *Eine Organisationsform, die die Pluralität diverser Prinzipien (Strukturen, Prozesse, Führungsstile etc.) im Sinne eines oft multirationalen Zwecks zu integrieren versteht.* ► Verantwortung & Struktur

Hybrides Arbeiten *Unter hybridem Arbeiten wird eine Mischung aus Arbeiten im Büro und im Homeoffice verstanden.* ► Orte & Räume

Impact Entrepreneurship *Zielbild einer besseren Welt. Dabei werden neue, innovative Lösungen zur Bewältigung gesellschaftlicher oder ökologischer Herausforderungen auf lokaler oder globaler Ebene durchdacht.* ► Produkte & Services

Inside-Out *Beim Inside-Out wird aus der Innenperspektive des Unternehmens betrachtet, wie seine Ressourcenbasis und das Handeln der Mitarbeitenden die Kund:innenbedürfnisse beeinflussen.* ► Produkte & Services

Komplexität *Komplexe Systeme lassen sich auch bei Vorliegen aller Informationen über ihre Elemente und deren Beziehungen zueinander nicht eindeutig bestimmen oder deren Ursache-Wirkungsmechanismus vorhersagen.* ► Anpassung, Methoden, Lösungen

Kompliziertheit *Kompliziert ist ein System, wenn es für den jeweiligen Betrachter zwar sehr aufwändig/ schwierig ist, seine Ursache-Wirkungsbeziehungen zu erfassen und Ergebnisse vorherzusagen, dies aber prinzipiell möglich ist (im Gegensatz zu komplexen Systemen).* ► Anpassung, Methoden, Lösungen

Konsistenz *Das Erlebnis der Veränderung ist über alle Botschaften und Formate, die im Prozess angeboten werden, beständig.* ► Menschen, Unternehmen, Wandel

Kontextuelle Führung *Auch situative Führung, besagt, dass es nicht einen generellen Führungsstil für alle Situationen gibt. Ganz im Gegenteil muss situativ beurteilt werden, welcher Führungsstil sich im gegebenen Kontext am besten eignet.* ► Kultur & Führung

Kontingenz *Der Kontingenzbegriff beinhaltet, dass etwas weder notwendigerweise noch unmöglicherweise so ist, wie es ist, und damit prinzipiell auch immer anders sein könnte.* ► Werte, Sinn, Verantwortung

Kontinuität *Die Veränderungserlebnisse werden lückenlos zusammenhängend und fortdauernd gestaltet.* ► Menschen, Unternehmen, Wandel

Kreisorganisation *Eine Organisationsform, die weniger auf vertikale als auf horizontale Hierarchien fußt und Führungsaufgaben auf sich selbst organisierende Teams (Kreise) aufteilt.* ► Verantwortung & Struktur

Künstliche Intelligenz *Stellt einen Teilbereich der Informatik dar, die sich mit der Automatisierung intelligenten Verhaltens und dem maschinellen Lernen befasst.* ► Prozesse & Methoden

Kulturindikatoren *Stehen für kulturbedingte Haltungen und Verhaltensweisen, die notwendig sind, um die entsprechenden Fähigkeiten auch wirksam einsetzen zu können.* ► Ressourcen & Fähigkeiten

Laterale Führung *Führen ohne Weisungsbefugnis. Dies kann z. B. über die Anerkennung als Experte oder gezieltes Stakeholdermanagement erreicht werden.* ► Kultur & Führung

Lean Management *Eine Managementphilosophie, die darauf abzielt, Prozesse effizienter zu machen. Dabei findet ein gleichzeitiges Streben nach der Minimierung von Verschwendung und nach der bestmöglichen Qualität statt.* ► Verantwortung & Struktur

Minimum Viable Product *Beschreibt den Kern einer Lösung. Dieser wird in der Praxis getestet und stetig zur Erhöhung des geschaffenen Wertes angepasst.* ► Menschen, Unternehmen, Wandel

Mission Statement *In einem Mission Statement beschreibt ein Unternehmen, wer es ist und was es tut.* ► Orientierung & Steuerung

Moments that matter *Ein Begriff aus dem Experience Design, der die Zeit- und*

Kontaktpunkte beschreibt, die für ein Kund:innen- bzw. Mitarbeitendenerlebnis von herausragender Bedeutung sind. ► Orientierung & Selbststeuerung

Nachhaltigkeit *Stellt ein Handlungsprinzip zur Ressourcen-Nutzung natürlicher Systeme dar, um deren wesentlichen Eigenschaften langfristig zu erhalten.* ► Produkte & Services

Narrativ *Bezeichnet eine sinnstiftende Erzählung, die ein gemeinsam geteiltes Bild vermittelt und damit Einfluss auf die Wahrnehmung der Umwelt hat.* ► Produkte & Services

Neuronale Netzwerke *Ein Zweig der künstlichen Intelligenz. Dabei handelt es sich um Programme bzw. Algorithmen, die künstliche Neuronen nachbilden und so einem menschlichen Gehirn nachempfunden sind.* ► Orte & Räume

New Work *Beschreibt die strukturelle Transformation der Arbeitswelt, getrieben von Digitalisierung, Globalisierung und veränderten Bedürfnissen und Anforderungen der Arbeitnehmenden hin zu sinngebender und individuell wertschöpfender Arbeit.* ► Orte & Räume

On-Demand Economy *Anbieter versenden auf Anfrage Produkte oder vermitteln Dienstleistungen.* ► Prozesse & Methoden

Organisationale Resilienz *Beschreibt die Fähigkeit einer Organisation, selbstreguliert unvorhergesehene Störungen zu handhaben.* ► Kultur & Führung

Organizational Capabilities *Beschreiben die kollektiven Fähigkeiten, Fertigkeiten und die Expertise einer Organisation sowie deren komplexes Zusammenspiel untereinander.* ► Ressourcen & Fähigkeiten

Outside-In *Im Outside-In blickt das Unternehmen auf die zahlreichen Opportunitäten, die im Außen darauf warten, übersetzt und integriert zu werden.* ► Produkte & Services

Partizipativer Ansatz *Geht es darum, Menschen als selbstbestimmte Akteure im Veränderungsprozess zu betrachten. Die Möglichkeit des Mitgestaltens erschafft*

eine tragfähige Basis für den Wandel. ▸ Menschen, Unternehmen, Wandel

Performance Management *Umfasst Prozesse und Aktivitäten, die zur Steuerung der Leistung der Mitarbeitenden dienen. Dadurch sollen die Leistungen der Mitarbeitenden optimal auf die Ziele des Unternehmens angewendet werden.* ▸ Orientierung & Selbststeuerung

Plattformökonomie *Eine Ökonomie mit Geschäftsmodellen, bei denen Plattformen für wertschöpfende Interaktionen zwischen Anbietern / Erzeugern und Kunden bereitgestellt werden.* ▸ Produkte & Services

Ponton-Prinzip *Ist der wichtigste Teil des Human Business Design. Es bietet Schiffsanlegern sieben Reflexions- und Beratungsflächen für die unternehmerische und individuelle Selbstüberprüfung.* ▸ Menschen, Unternehmen, Wandel

Pretotype *Anhand einzelner Elemente oder Funktionalitäten werden Hypothesen zur Problem-Lösungs-Passung getestet.* ▸ Menschen, Unternehmen, Wandel

Product Owner *Ist die fachliche Vertretung der Auftraggeber:innen. Er:sie ist für die Priorisierung des Product Backlogs verantwortlich.* ▸ Verantwortung & Struktur

Prototyp *Anhand des Prototyps wird eine Idee getestet, um zu lernen, wie sie funktionieren, aussehen oder sich anfühlen könnte.* ▸ Menschen, Unternehmen, Wandel

Psychologische Sicherheit *Ist das Gefühl von Sicherheit in einem Team, nicht für Fehler bestraft zu werden, und erlaubt es den Teammitgliedern, sich zu öffnen und sich verletzlich zu zeigen.* ▸ Kultur & Führung

Purpose *Sinn, Zweck. Beschreibt die »Daseinsberechtigung« eines Systems, z. B. einer Organisation. Purpose wird im Vergleich zu »Zweck« meist mit einem (moralischen) Werteanspruch aufgeladen, formuliert und soll inspirieren.* ▸ Orientierung & Selbststeuerung

Resonanzräume *Dienen der persönlichen und unternehmerischen Aufladung mit Ideen, Optionen und Perspektiven. Sie sind vergleichbar mit den vielfältigen Ständen auf einem Marktplatz.* ▸ Menschen, Unternehmen, Wandel

Ressource *Ein materielles oder immaterielles Gut, das im Sinne einer Kraftquelle als Mittel dient, um Ziele zu verfolgen oder spezifische Handlungen zu tätigen.* ▸ Ressourcen & Fähigkeiten

Rolle *Beinhaltet im Vergleich zu einer Position oder Stelle eine geringere Anzahl an Verantwortungs- und Aufgabenbündel und kann damit flexibler eingesetzt werden.* ▸ Verantwortung & Struktur

SCARF-Modell (nach Rock) *beschreibt fünf grundlegende Dimensionen menschlicher Motivation. Auf diesen Dimensionen kann entweder ein Gefühl der Bedrohung oder der Belohnung ausgelöst werden.* ▸ Ressourcen & Fähigkeiten

Schwarzer Schwan *Eine überraschende Wahrnehmung oder ein Ereignis, das bisherige Wahrheiten infrage stellt (z. B. die Wahrheit, »alle Schwäne sind weiß«).* ▸ Produkte & Services

Scrum *Ein agiles Rahmenwerk, das Menschen ermöglicht, komplexe Herausforderungen zu bearbeiten und kreativ sowie produktiv an Produkten zu arbeiten.* ▸ Prozesse & Methoden

Scrum Master *trägt die Verantwortung, dass die Scrum-Prozesse eingehalten werden. Dazu unterstützt er:sie alle Beteiligten, die Scrum-Theorie, -Werte, -Regeln und -Praktiken umzusetzen.* ▸ Verantwortung & Struktur

Seizing (nach Teece) *Umfasst Tätigkeiten zum Aufbau interner und externer Netzwerke, mit dem Ziel, Investitionen zu ermöglichen.* ▸ Ressourcen & Fähigkeiten

Sensing (nach Teece) *In der Phase Sensing werden Informationen über interne und externe Entwicklungen aufgenommen, gefiltert und*

strukturiert. ▸ Ressourcen & Fähigkeiten

Service-Profit Chain *Beschreibt, wie der ökonomische Erfolg eines Unternehmens mit Kund:innenloyalität und der Zufriedenheit, Loyalität und Produktivität der Mitarbeitenden zusammenhängt.* ▸ Produkte & Services

Sharing-Economy *Nutzer:innen teilen gewisse Güter oder Produkte.* ▸ Prozesse & Methoden

Sinn *Bezeichnet einerseits das Wahrnehmungsvermögen durch ein Sinnesorgan als auch die Bedeutung sozialen Handelns.* ▸ Werte, Sinn, Verantwortung

Strategie(haus) *Strategie ist die Summe aller Entscheidungen in Bezug auf Ambitionen und organisationale Fähigkeiten, die ein Unternehmen einzigartig in seinem Markt positioniert. Das Strategiehaus beinhaltet alle dafür dienlichen / benötigten Orientierungsformen – von der Vision bis zu kurzfristigen Zielen.* ▸ Orientierung & Selbststeuerung

Time-Boxing *Methode zur Steigerung der Effizienz von Prozessen. Die Time-Box legt für ein Projekt eine bestimmte Zeit fest, die zur Erfüllung des Projekts nicht überschritten werden darf.* ▸ Prozesse & Methoden

Trafo-Team *Ein »Transformations-Team« begleitet einen Veränderungsprozess.* ▸ Prozesse & Methoden

Transforming (nach Teece) *In der Phase Transforming findet die Rekonfiguration von Vermögenswerten und Strukturen statt.* ▸ Ressourcen & Fähigkeiten

Veränderlichkeit der Vernetzung *Beschreibt die zeitliche Stabilität einer Prozessbeschreibung.* ▸ Prozesse & Methoden

Veränderungsbedarfe *Interne oder externe Herausforderungen, die einer Reaktion / Anpassung bedürfen.* ▸ Menschen, Unternehmen, Wandel

Verantwortung *Bedeutet, dass man:frau die Konsequenzen der von ihnen*

getroffenen Entscheidungen tragen müssen. ▸ Werte, Sinn, Verantwortung

Vernetzungsgrad *Gibt das Maß für die Anzahl vernetzter Aktivitäten und Akteur:innen an.* ▸ Prozesse & Methoden

Vision *Beschreibt das »Begehrte«, also die wünschenswerte Zukunft einer Organisation.* ▸ Orientierung & Selbststeuerung

VUCA *Beschreibt eine Welt, die geprägt ist von Unbeständigkeit (Volatility), Ungewissheit (Uncertainty), Komplexität (Complexity) und Mehrdeutigkeit (Ambiguity).* ▸ Kultur & Führung

Wellbeing am Arbeitsplatz *Alle Faktoren die beitragen, dass Mitarbeitende ein positives und produktives Befinden am Arbeitsplatz haben.* ▸ Orte & Räume

Werte *Moralisch-gesellschaftlich für gut betrachtete Eigenschaften und Handlungsweisen.* ▸ Werte, Sinn, Verantwortung

Wikinomics *Bezeichnet eine neue kooperative Weltökonomie, die auf globalen Netzen und Technologien basiert.* ▸ Prozesse & Methoden

Wissensarbeit *Bei der Wissensarbeit findet die Entlohnung nicht für körperliche Betätigung, sondern für die Verwendung des Kapitals Wissen und der kognitiven Fähigkeiten statt. Daher wird sie teilweise auch als rein immaterielle Arbeit bezeichnet.* ▸ Orte & Räume

Working Out Loud *Das von John Stepper erfundene Konzept des Working Out Loud zielt darauf ab, dass die Arbeit offener, vernetzter gestaltet wird und sich so Netzwerke bilden.* ▸ Orte & Räume

Christian Völkl ist Gestalter und Umsetzer zukunftsweisender Organisationssysteme. In seinem Fokus steht das Zusammenspiel von Menschen in Unternehmen und wie es sich verbessern lässt. Dafür hat er den Ansatz eines wertorientierten Human Business Design entwickelt, das moderne Konzepte der Unternehmensführung mit bewährten Verfahren der Organisationsentwicklung und des Performance Improvement kombiniert. Er studierte Medientechnik in Stuttgart und Educational Technology in San Diego, CA. Heute ist er Partner bei HRpepper und lebt privat mit seiner Familie in Potsdam.

Dr. Matthias Meifert begleitet Organisationen auf ihrem Weg in die Zukunft und begeistert sich für neue Formen der Führung, Strategie und Organisation. Bevor er HRpepper gründete, arbeitete Meifert als Banker, Bildungsmanager, Unternehmensberater und Hochschullehrer. Heute ist er geschäftsführender Gesellschafter der HRpepper GmbH & Co. KGaA, ein auf Fragen des Transformations- und Personalmanagements spezialisiertes Beratungsunternehmen und lebt mit seiner Familie in Berlin.

Fotos: HRpepper/Laurin Schmid